全家都爱吃的百姓家常菜

甘智荣 主编

新疆人民出版总社
新疆人民卫生出版社

图书在版编目（CIP）数据

全家都爱吃的百姓家常菜 / 甘智荣主编. -- 乌鲁木齐：新疆人民卫生出版社，2016.6
ISBN 978-7-5372-6578-2

Ⅰ. ①全… Ⅱ. ①甘… Ⅲ. ①家常菜肴－菜谱 Ⅳ. ①TS972.12

中国版本图书馆CIP数据核字（2016）第113100号

全家都爱吃的百姓家常菜

QUANJIA DOUAICHI DE BAIXING JIACHANGCAI

出版发行 新疆人民出版总社
新疆人民卫生出版社

责任编辑 郝 亮

策划编辑 深圳市金版文化发展股份有限公司

版式设计 深圳市金版文化发展股份有限公司

封面设计 深圳市金版文化发展股份有限公司

地　　址 新疆乌鲁木齐市龙泉街196号

电　　话 0991-2824446

邮　　编 830004

网　　址 http://www.xjpsp.com

印　　刷 深圳市雅佳图印刷有限公司

经　　销 全国新华书店

开　　本 173毫米×243毫米　16开

印　　张 15

字　　数 220千字

版　　次 2016年11月第1版

印　　次 2016年11月第1次印刷

定　　价 39.80元

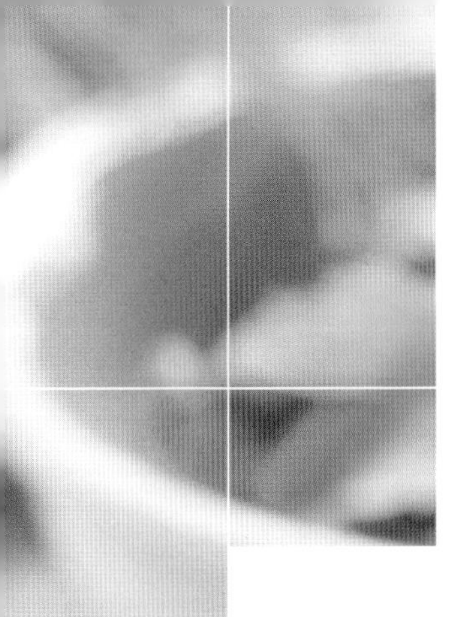

Preface

前言

百姓家常菜，这个响当当的名字，是老百姓最为熟知和认可的一类菜肴的统称。百姓菜在中国具有非常悠久的历史，大概在夏朝的时候就形成了早期百姓菜的雏形，而老祖宗的这些烹饪智慧历经数千年后，沉淀成为高度成熟的烹饪技艺和丰富多彩的文化内涵。

在春秋战国时期，老百姓就具备了较为成熟的炼铁技术，而成本也并不是很高，普通老百姓家庭都能用得起。曾经也有专家学者一度认为，百姓菜真正的盛行是从铁器时代开始的，在宋代更是发展到了罕见的高度，据说那时各种百姓热菜、冷菜、羹汤、主食、小吃等等俨然呈现出席卷全国之势。从这里不难得出，百姓家常菜深得百姓之喜爱，是当之无愧的“天下第一菜”。

今天的百姓家常菜品种更多，做法更全，也更加注重口味和养生的完美结合，老百姓对于各种食材的烹饪技艺也在不断地钻研和大胆创新。百姓菜看似无门无派、无踪可寻，但是却有相通的讲究，类似于食材的挑选、择洗、刀工、烹饪顺序、所加作料等都自成体系。常见的百姓菜食材也无非就是白菜、包菜、菠菜、萝卜、菌菇等素菜，或者畜肉、禽蛋、水产等荤菜，而将它们烹饪成为营养美味的菜肴是很多老百姓特别拿手的事情。或做热菜，或做凉菜，或做羹汤，或做主食，中国地大物博的食材资源总能回馈给老百姓最珍贵的口感享受和最细腻的养生价值。这种享受所带来的不仅是味蕾的舒畅，还是家庭亲情的升华，更是万家灯火的幸福安康。

本书收录了百余道百姓菜，用语简练，力图让每一位读者都能轻松地掌握百姓菜的烹饪知识。配合二维码和高清步骤图，力求让读者学的更便捷。

目录 Contents

Part 1 唤醒味蕾的小炒

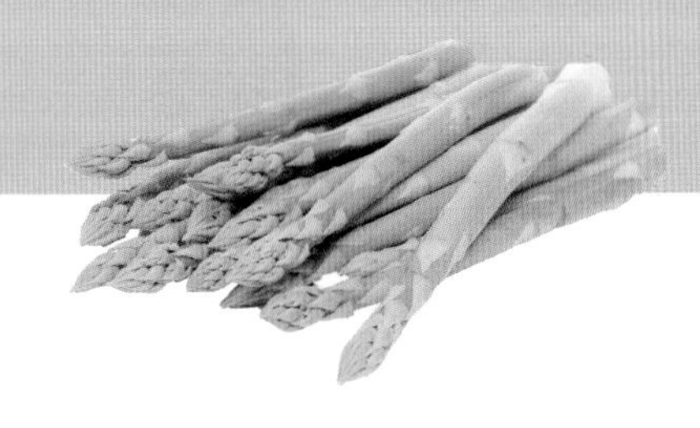

Part 2 | 炖煮出营养大菜

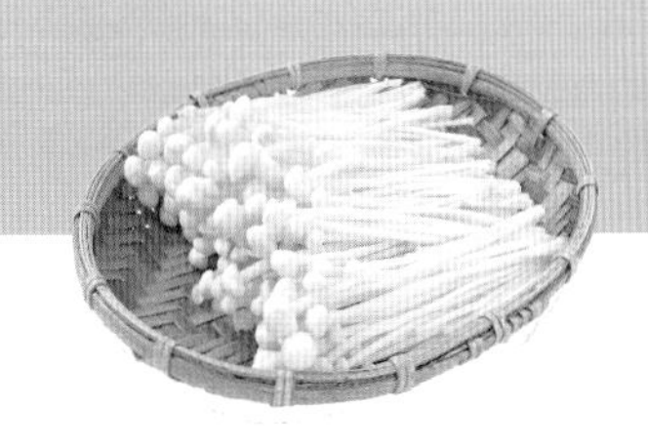

Part 3 | 煎炸出香酥脆嫩

Part 4 蒸菜的养生之道

Part 5 爽口开胃凉拌菜

唤醒味蕾的小炒

自古开门七件事，柴米油盐酱醋茶。这些平凡的小物件，日复一日地流传下来，即使经过上千年的光阴，人们的日常生活，还是少不了酸甜苦辣咸香涩的调剂，少不了浓香鲜嫩的渲染。而对于一个热爱生活的人来说，食物早已不再是简单的果腹之物，生活要过得有滋有味，食物也要如此。不止要烹制出或麻辣鲜香、或清新绵密的食物，我们要求更加精益求精，色、香、味、形一个都不能少，就算只是简单的小炒，也要在开胃的同时，展现出更多诱人的因素，让味蕾无比满足。

小炒，火候是关键

炒菜是家常菜应用最广泛的烹调方法之一，一般人都能做，但要炒得鲜嫩适度、清淡爽口并不容易。对于很多人来说，炒菜时如何控制火候是一件难事。下面就来说说如何运用火候炒出色、香、味、形俱好的佳肴吧！

揭秘火候

烹调一般是用火来加热。在加热过程中，由于烹制菜肴所使用的原料多种多样，质地有老、嫩、软、硬；形态有大、小、厚、薄；制作要求有香脆、鲜嫩、酥烂等。因此在烹制过程中要按照具体情况，采取不同火力对原料进行加热处理，这就叫掌握火候。

简单地说，火候就是火力的变化情况，掌握火候就是对菜肴原料进行加热时掌握火力与时间的长短，以达到烹调的要求。烹调时一方面要从燃烧烈度鉴别火力的大小，另一方面要根据原料性质来确定烧制时间。但这也不是绝对的，有些菜需根据烹调要求使用两种或两种以上的火力。

火候可分为大火、中火、小火、微火四种：

大火 是一种最强的火力，用于“抢火候”的快速烹制，它可以减少菜肴在加热时间里营养成分的损失，并能保持原料的鲜美脆嫩，适用于熘、炒、烹、炸、爆、蒸等烹饪方法。

中火 也叫文火，有较大的热力，适于烧、煮、炸、熘等烹调手法。

小火 也称慢火、温火等。此种火候的火焰较小，火力偏弱，适用于煎等烹饪手法。

微火 微火的热力小，一般用于酥烂入味的炖、焖等菜肴的烹调。

小炒有妙招

您知道吗？虽然小炒经常出现在人们的餐桌上，甚至人人都可以做出一盘小炒，但是做好小炒并不容易。要做出一盘色、香、味俱全的小炒，是有诀窍的。

NO1.炒菜放盐有先后

“先放菜后下盐”，这是针对使用豆油或者菜油炒菜而言，这样可以减少蔬菜中营养成分的流失；“先下盐后放菜”则是对花生油而言，因花生油中可能含有黄曲霉菌，盐中的碘化物能去除这些有害物质。

NO2.热水泡豆腐除豆腥味

豆腐营养价值很高，制熟后软软滑滑、入口即化的口感真是让人爱不释口，尤其受孩子和老人的喜爱。但是，很多人又会因难以接受它的豆腥味而感到苦恼。其实只要在下锅前将豆腐放入热水中浸泡5～10分钟，即可除掉异味。

NO3.巧手炒鸡蛋

炒鸡蛋前，将鸡蛋打入碗中，加些冷水搅匀，可使炒出的鸡蛋松软可口。

NO4.如何炒白菜能保持鲜香

在用植物油加盐炒白菜时，记得稍微加一点儿开水，这样炒出的菜质嫩、颜色佳；同时，在炒白菜时加适量的醋，伴以大火加热，也可保持白菜的鲜嫩。

NO5.如何快炒蔬菜

快炒蔬菜要用大火，加热温度大约为200℃～250℃，加热时间不能超过5分钟。只有这样，才能防止蔬菜中的维生素和可溶性营养素流失，并减少叶绿素的流失，保持蔬菜质地的脆嫩，使其色泽翠绿，菜肴美味可口。

手撕包菜

烹饪时间：5分钟 | 功效：瘦身排毒 | 适合人群：一般人群

原料

包菜300克，蒜末15克，干辣椒少许

调料

盐3克，味精2克，鸡粉适量，食用油适量

做法

1. 将洗净的包菜菜叶摘下，再用手撕成大小适中的片状；洗净的干辣椒切成段。
2. 炒锅置旺火上，注入适量食用油，大火烧热。
3. 倒入蒜末爆香。
4. 倒入洗好的干辣椒炒香。
5. 倒入包菜，翻炒均匀。
6. 淋入少许清水，继续炒1分钟至熟软。
7. 加入盐、鸡粉、味精，翻炒至入味。
8. 盛入盘中即成。

大厨面对面

包菜炒至断生即可，不可炒太熟；可以根据个人口味加点糖调味。

蒜蓉炒芥蓝

烹饪时间：3分钟 | 功效：清热解毒 | 适合人群：男性

原料

芥蓝150克，蒜末少许

调料

盐3克，鸡粉少许，水淀粉、芝麻油、食用油各适量

做法

❶ 将洗净的芥蓝切除根部。❷ 锅中注水烧开，加入少许盐、食用油，略煮，倒入切好的芥蓝，搅散，焯煮约1分钟，捞出，沥干水分，待用。❸ 用油起锅，撒上蒜末，爆香，倒入焯过水的芥蓝，炒匀炒香，注入少许清水，加入少许盐，撒上鸡粉，炒匀调味。❹ 再用水淀粉勾芡，滴上芝麻油，炒匀炒透即可。

鸡汁上海青

烹饪时间：2分钟 | 功效：清热解毒 | 适合人群：一般人群

原料

上海青400克，鸡汁适量

调料

盐10克，水淀粉10毫升，味精3克，白糖3克，食用油适量

做法

❶ 洗净的上海青菜根部切上十字花刀，装入盘中。❷ 锅中倒水烧开，加入少许食用油拌匀，倒入上海青拌匀，焯煮约1分钟至熟后捞出。❸ 炒锅置火上，注入少许食用油烧热，倒入上海青，倒入鸡汁。❹ 加入盐、味精、白糖，炒匀调味，加入少许水淀粉，拌炒均匀，夹入盘中，浇上原汤汁即可。

香辣莴笋丝

烹饪时间：2分钟 | 功效：增强免疫力 | 适合人群：一般人群

莴笋340克，红椒35克，蒜末少许

盐2克，鸡粉2克，白糖2克，生抽3毫升，辣椒油、亚麻籽油各适量

做法

❶ 洗净去皮的莴笋切片，再改切丝；洗净的红椒切段，切开，去籽，切成丝。
❷ 锅中注入清水烧开，放入盐、亚麻籽油、莴笋，拌匀，略煮至断生。
❸ 把煮好的莴笋捞出，沥干水分。
❹ 锅中注入适量亚麻籽油烧热，放入红椒，炒匀，再放入莴笋，加入蒜末，炒匀。
❺ 加入盐、鸡粉、白糖炒匀。
❻ 淋入适量生抽、辣椒油、亚麻籽油，炒匀，盛出即可。

大厨面对面 | 莴笋的含钾量较高，有利于促进排尿，减少心房的压力，对高血压和心脏病极为有益。

西红柿炒西葫芦

烹饪时间：5分钟 | 功效：瘦身排毒 | 适合人群：女性

原料

西葫芦250克，西红柿120克，虾皮8克，姜丝5克，蒜末5克，葱段7克

调料

盐2克，鸡粉2克，生抽5毫升，食用油适量

做法

1. 洗净的西葫芦对半切开，再切成片。
2. 洗净的西红柿切成瓣，再对半切开。
3. 锅置火上，注入适量食用油，大火烧热。
4. 放入蒜末、姜丝、葱段，炒匀。
5. 放入西红柿，翻炒至西红柿出汁。
6. 再放入西葫芦，炒匀。
7. 再放入虾皮、盐、鸡粉、生抽。
8. 炒匀后盛入盘中即可。

大厨面对面 | 炒西葫芦时油温不宜太高，以免破坏其中的营养成分。

糖醋菠萝藕丁

烹饪时间：2分钟 | 功效：开胃消食 | 适合人群：一般人群

莲藕100克，菠萝肉150克，豌豆30克，枸杞、蒜末、葱花各少许

盐2克，白糖6克，番茄酱25克，食用油适量

1. 处理好的菠萝肉切成丁；洗净去皮的莲藕切成丁。
2. 锅中注入适量清水烧开，加入少许食用油，倒入藕丁，放入适量盐，搅匀，氽煮半分钟。
3. 倒入洗净的豌豆，搅拌匀，加入菠萝丁，搅散，煮至断生，捞出，沥干水分，备用。
4. 用油起锅，倒入蒜末，爆香。
5. 倒入焯过水的食材，快速翻炒均匀。
6. 加入适量白糖、番茄酱，翻炒匀，至食材入味。
7. 撒入备好的枸杞、葱花。
8. 翻炒片刻，炒出葱香味，盛出，装入盘中即可。

菠萝去皮后放在淡盐水里浸泡一会儿，可去除其涩味。

酸辣土豆丝

烹饪时间：3分钟 | 功效：宽肠通便 | 适合人群：一般人群

原料

土豆400克，干辣椒6个，葱10克，蒜瓣3个

调料

盐3克，鸡粉3克，白醋6毫升，食用油适量

做法

❶ 土豆削皮，切成丝，放入水中浸泡5分钟；干辣椒切段；葱切成段；蒜瓣切末。

❷ 土豆丝沥干水后放入沸水锅中焯水30秒，捞起，用冷水冲凉，使土豆丝口感更脆。

❸ 热锅注油，放入蒜末、干辣椒，爆香，放入土豆丝，快速翻炒均匀。

❹ 加入盐、鸡粉、葱段，炒匀调味，淋入白醋，快速炒匀入味，出锅盛盘即可。

大厨面对面

土豆切丝后，先用清水冲洗几遍再浸泡10分钟，能去除部分淀粉，炒制后口感更加爽脆，切记不要泡太久，以免流失水溶性维生素等营养。

干锅花菜

烹饪时间：10分钟｜功效：开胃消食｜适合人群：一般人群

原料

花菜300克，五花肉100克，红辣椒15克，大蒜20克，姜片20克，小葱2根

调料

盐、鸡粉各3克，老干妈30克，蚝油3克，食用油适量

做法

❶ 将花菜切小朵；洗净的五花肉切片；红辣椒去籽，切成块。❷ 洗净的小葱切成小段；蒜去皮，切成块；沸水锅中，倒入花菜，焯煮5分钟，盛出。❸ 热锅注油烧热，爆出蒜块、姜片，倒入五花肉，爆炒1分钟至转色。❹ 倒入老干妈、红辣椒、花菜，翻炒匀，加入蚝油、盐、鸡粉，炒匀入味。❺ 在备好的干锅中，放入葱白铺底，倒入炒好的食材，最后放入葱段即可。

什锦西蓝花

烹饪时间：8分钟｜功效：抗衰老｜适合人群：一般人群

原料

西蓝花250克，胡萝卜100克，香菇80克，山药150克

调料

盐3克，鸡粉2克，水淀粉、食用油各适量

做法

❶ 洗净的西蓝花切成小朵；胡萝卜去皮，切成块；山药去皮，切成块；香菇切块。❷ 锅中注水烧开，放入少许油，加入盐、西蓝花，焯至断生后捞出，摆入盘中。❸ 锅中再放入胡萝卜、山药、香菇，焯水后捞出。❹ 锅中注油烧热，放入焯好的胡萝卜、山药、香菇，炒匀，再放入盐、鸡粉、水淀粉，炒匀，盛入盘中即可。

草菇西蓝花

烹饪时间：2分钟 | 功效：防癌抗癌 | 适合人群：一般人群

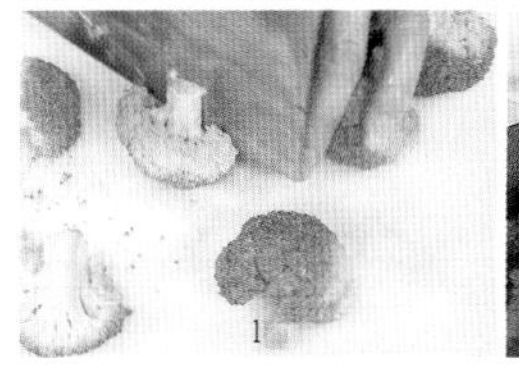

原料

草菇90克，西蓝花200克，胡萝卜片、姜末、蒜末、葱段各少许

调料

料酒8毫升，蚝油8克，盐2克，鸡粉2克，水淀粉、食用油各适量

做法

❶ 草菇洗净切小块；西蓝花洗净切小朵。

❷ 锅中注水烧开，注入食用油，倒入西蓝花煮至断生，捞出；草菇入沸水锅中煮半分钟，捞出。

❸ 用油起锅，爆香胡萝卜片、姜末、蒜末、葱段，倒入草菇炒匀，淋入料酒，翻炒片刻。

❹ 加蚝油、盐、鸡粉、清水、水淀粉炒匀；西蓝花摆盘，盛入炒好的草菇即可。

大厨面对面 烹饪西蓝花前，可将其放入淡盐水中浸泡一会儿，再清洗干净，这样能有效清除残留的农药。

荷兰豆炒胡萝卜

烹饪时间：3分钟 | 功效：降低血压 | 适合人群：高血压病者

原料

荷兰豆100克，胡萝卜120克，黄豆芽80克，蒜末、葱段各少许

调料

盐3克，鸡粉2克，料酒10毫升，水淀粉、食用油各适量

做法

1. 洗净去皮的胡萝卜对半切开，用斜刀切成段，再切成片。
2. 锅中注入适量清水烧开，加入少许盐、食用油，倒入胡萝卜片。
3. 放入洗净的黄豆芽，搅匀，略煮一会儿。
4. 再倒入洗净的荷兰豆，煮1分钟，至食材八成熟，捞出焯煮好的食材，沥干水分。
5. 用油起锅，放入蒜末、葱段，爆香。
6. 倒入焯过水的食材，再淋入少许料酒，快速翻炒匀。
7. 加入少许鸡粉、盐，炒匀调味。
8. 倒入适量水淀粉，用中火翻炒至食材熟透、入味即可。

大厨面对面

荷兰豆不易炒熟透，焯水的时间可以适当长一些。

蒜苗炒口蘑

烹饪时间：4分钟 | 功效：增强免疫力 | 适合人群：一般人群

原料

口蘑250克，蒜苗2根，朝天椒圈15克，姜片少许

调料

盐、鸡粉各1克，蚝油5克，生抽5毫升，水淀粉、食用油各适量

做法

❶ 洗净的口蘑切厚片；洗好的蒜苗斜刀切段。❷ 锅中注水烧开，倒入口蘑，煮至断生，捞出，沥干水分，装盘待用。❸ 另起锅注油，爆香姜片、朝天椒圈，倒入氽好的口蘑、生抽、蚝油，翻炒1分钟至熟。❹ 注入少许清水，加入盐、鸡粉，拌匀。❺ 倒入切好的蒜苗，炒约1分钟至断生。❻ 用水淀粉勾芡，翻炒至收汁，关火后盛出菜肴，装盘即可。

大厨面对面 | 如果喜欢偏辣口味，可加入干辣椒爆香。

干煸四季豆

烹饪时间：10分钟 | 功效：开胃消食 | 适合人群：一般人群

1 3

原料

四季豆300克，干辣椒3克，蒜末少许，葱白少许

调料

盐3克，味精2克，生抽适量，豆瓣酱适量，料酒适量，食用油适量

做法

❶ 四季豆洗净切段。

❷ 热锅注油，烧至四成热，倒入四季豆，滑油片刻捞出。

❸ 锅底留油，倒入蒜末、葱白、干辣椒爆香。

❹ 倒入滑油后的四季豆，加入盐、味精、生抽、豆瓣酱、料酒，翻炒约2分钟至入味，盛出装盘即可。

大厨面对面

四季豆营养丰富，不过烹调时一定要煮熟，没煮熟的四季豆吃了会引起身体不适，因此可以用水焯熟后再炒。

川香豆角

烹饪时间：10分钟 | 功效：益气补血 | 适合人群：一般人群

原料

豆角350克，蒜末5克，干辣椒3克，花椒8克，白芝麻10克

调料

盐2克，鸡粉3克，蚝油、食用油各适量

做法

❶ 将洗净的豆角切成段。❷ 用油起锅，倒入蒜末、花椒、干辣椒，爆香。❸ 加入切好的豆角，翻炒均匀。❹ 倒入少许清水，翻炒约5分钟至熟。❺ 加入盐、蚝油、鸡粉，翻炒至食材入味。❻ 关火，将炒好的豆角盛出，装入盘中，撒上白芝麻即可。

大厨面对面

炒豆角时火候不要太大，过大容易把豆角榨干。

麻婆豆腐

烹饪时间：4分钟｜功效：开胃消食｜适合人群：一般人群

原料

牛肉100克，豆腐350克，蒜末少许

调料

盐4克，鸡粉2克，豆瓣酱10克，水淀粉8毫升，食用油、蚝油、老抽、味精、辣椒油、花椒油各适量

做法

❶ 将豆腐切成小块；牛肉剁成末。
❷ 锅中注水烧开，加入盐，倒入豆腐煮约1分钟，捞出。
❸ 锅置大火上，注油烧热，倒入蒜末炒香，倒入牛肉末翻炒约1分钟至变色。
❹ 加入豆瓣酱炒香，注入200毫升清水，加入蚝油、老抽拌匀。
❺ 加入盐、鸡粉、味精炒至入味，倒入豆腐。
❻ 加入辣椒油、花椒油，轻轻翻动，改用小火煮约2分钟至入味。
❼ 加入少许水淀粉勾芡。
❽ 撒入葱花炒匀，盛入盘内即可。

大厨面对面

豆腐入热水中焯烫一下，这样在烹饪的时候比较结实不容易散。

豆角烧茄子

烹饪时间：3分钟 | 功效：降低血压 | 适合人群：高血压患者

豆角130克，茄子75克，肉末35克，红椒25克，蒜末、姜末、葱花各少许

盐、鸡粉各2克，白糖少许，料酒4毫升，水淀粉、食用油各适量

❶ 将洗净的豆角切长段；洗好的茄子切成长条；洗净的红椒切碎末。❷ 热油锅中倒入茄条，炸至其变软，捞出。❸ 油锅中再倒入豆角，炸熟后捞出。❹ 用油起锅，倒入肉末，炒至变色，放入姜末、蒜末、红椒末，炒匀。❺ 再放入炸过的食材，炒匀。❻ 加入盐、白糖、鸡粉、料酒、水淀粉炒匀，盛出炒好的菜肴，撒上葱花即成。

茄条炸好后最好滤掉多余的油，这样菜肴才不会太油腻。

葱油炒豆苗

烹饪时间：9分钟 | 功效：清肠排毒 | 适合人群：一般人群

原料

豆苗 200克，红辣椒 1个，姜10克，蒜2瓣

调料

盐少许，白胡椒粉少许，食用油适量，葱油酱5克

做法

❶ 豆苗去蒂，洗净切两段；红辣椒切圈；姜切片；蒜切末。❷ 锅置火上，加入适量食用油，放入红辣椒圈、姜片、蒜末，用中火爆香。❸ 放入豆苗翻炒均匀。❹ 加入葱油酱、盐、白胡椒粉以及适量水，炒匀后盛出即可。

蚂蚁上树

烹饪时间：4分钟 | 功效：益气补血 | 适合人群：一般人群

原料

肉末200克，水发粉丝300克，朝天椒末、蒜末、葱花各少许

调料

料酒10毫升，豆瓣酱15克，生抽8毫升，陈醋8毫升，盐2克，鸡粉2克，食用油适量

做法

❶ 洗好的粉丝切段，备用。❷ 用油起锅，倒入肉末，翻炒松散，至其变色，淋入适量料酒，炒匀提味。❸ 放入蒜末、葱花，炒香，加入豆瓣酱，倒入生抽，略炒片刻，放入粉丝段，翻炒均匀。❹ 加入适量陈醋、盐、鸡粉，炒匀调味，放入朝天椒末、葱花，炒匀，关火后盛出炒好的食材，装入盘中即可。

洋葱肉末茄子

烹饪时间：5分钟 | 功效：保肝护肾 | 适合人群：男性

茄子200克，牛肉100克，朝天椒30克，姜片、蒜末、葱花各少许

豆瓣酱15克，料酒10毫升，盐3克，鸡粉2克，花椒油5毫升，水淀粉、食用油各适量

❶ 洗净的朝天椒切成圈；去皮洗净的茄子切成条；洗净的牛肉切成末。
❷ 炒锅注油烧至五成热，再放入茄子条，炸约2分钟，捞出，沥油。
❸ 锅底留油，烧热后爆香姜片、蒜末，再放入牛肉末，翻炒香。
❹ 倒入切好的朝天椒圈，快速炒匀，放入少许豆瓣酱，炒匀。
❺ 淋入少许料酒，翻炒匀，注入少许清水，煮沸，加入盐、鸡粉，拌匀至入味。
❻ 倒入炸好的茄子条，拌匀，用小火炒约2分钟，放入适量花椒油，炒至入味。
❼ 再倒入水淀粉，炒匀。
❽ 转大火，翻炒至汤汁收浓，撒上葱花，用锅铲翻炒匀，盛入盘中即成。

大厨面对面

茄子在洗净切条后，放入淡盐水中浸泡，能泡出茄子的涩水，同时让茄子吸饱水分不吃油。

酸豆角肉末

烹饪时间：3分钟 | 功效：开胃消食 | 适合人群：一般人群

原料

酸豆角200克，剁椒20克，瘦肉100克，葱白、蒜末各少许

调料

盐3克，水淀粉10毫升，味精3克，白糖3克，料酒3毫升，食用油、芝麻油各适量

做法

❶ 将洗净的酸豆角切成丁；洗净的瘦肉剁成肉末。❷ 锅中加清水烧开，倒入酸豆角，加少许食用油，煮约1分钟，捞出后装入盘中。❸ 用油起锅，倒入蒜末、葱白、剁椒爆香，倒入肉末炒至呈白色，加入料酒炒匀。❹ 倒入酸豆角，翻炒约1分钟。❺ 加入少许盐、味精、白糖炒匀调味，用水淀粉勾芡。❻ 淋上少许芝麻油炒均匀即可。

大厨面对面

酸豆角煮好捞出后，可用清水清洗一下，以免酸味太重。

农家小炒肉

烹饪时间：5分钟 | 功效：保肝护肾 | 适合人群：一般人群

原料

五花肉150克，青椒60克，红椒15克，蒜苗10克，豆豉、姜片、蒜末、葱段各少许

调料

盐3克，味精2克，豆瓣酱、老抽、水淀粉、料酒、食用油各适量

做法

❶ 洗净的青椒切圈；洗净的红椒切成圈。
❷ 洗净的蒜苗切2厘米长的段；洗净的五花肉切条，再切成片。
❸ 用油起锅，倒入五花肉，炒约1分钟至出油。
❹ 加入少许老抽、料酒，炒香。
❺ 倒入豆豉、姜片、蒜末、葱段，炒约1分钟。
❻ 加入适量豆瓣酱，翻炒匀。
❼ 倒入青椒、红椒、蒜苗，炒匀，加入盐、味精，炒匀调味。
❽ 加入少许清水，煮约1分钟，加入少许水淀粉，用锅铲拌炒均匀，盛出装盘即成。

大厨面对面

五花肉先用烧开的清水汆烫一下，放入冰箱冻硬，再切成薄片，看上去更美观。

白菜木耳炒肉丝

烹饪时间：3分钟 | 功效：美容养颜 | 适合人群：女性

原料

白菜80克，水发木耳60克，猪瘦肉100克，红椒10克，姜片、蒜末、葱段各少许

调料

盐2克，生抽3毫升，料酒5毫升，水淀粉6毫升，白糖3克，鸡粉2克，食用油适量

做法

❶ 洗净的白菜切粗丝；洗好的木耳切小块；洗净的红椒切条；洗好的猪瘦肉切丝，加入盐、生抽、料酒、水淀粉腌渍至入味。

❷ 用油起锅，倒入肉丝，炒匀，放入姜片、蒜末、葱段，爆香。

❸ 倒入红椒，炒匀，淋入少许料酒，炒匀，倒入木耳，炒匀，放入白菜，炒至变软。

❹ 加入少许盐、白糖、鸡粉、水淀粉，翻炒均匀，至食材入味即可。

大厨面对面

白菜不要炒太久，否则容易炒出水，影响口感。

回锅肉

烹饪时间：25分钟 | 功效：增强免疫力 | 适合人群：一般人群

原料

五花肉200克，大葱段30克，蒜苗段25克，姜片30克，红椒65克，蒜末30克，姜末、小葱段各适量

调料

盐3克，豆豉20克，鸡粉15克，白糖15克，辣椒油、花椒粒、生抽、豆瓣酱、料酒、食用油各适量

做法

❶ 洗净的红椒切块。❷ 锅注水煮沸，放入姜片、大葱段、花椒粒、料酒、盐、五花肉，煮15分钟。❸ 捞出五花肉切片。❹ 肉片加少许生抽抓匀。❺ 锅注油烧热，放入五花肉炸4分钟，捞出。❻ 锅注油烧热，倒入姜末、蒜末、花椒粒、豆瓣酱、豆豉、白糖炒香，放入五花肉、料酒、生抽、红椒、蒜苗、小葱段、鸡粉、辣椒油，炒香即可。

大厨面对面

五花肉不要切得太厚，炸的时候更易出油，逼出猪油后，吃起来口感不会太油腻。

咕噜肉

烹饪时间：15分钟 | 功效：益气补血 | 适合人群：一般人群

原料

菠萝肉150克，五花肉200克，鸡蛋1个，青椒、红椒各15克，葱白少许

调料

盐3克，白糖12克，生粉3克，番茄酱20克，白醋10毫升，食用油适量

做法

❶ 洗净的红椒、青椒均去籽，切成片；菠萝肉切成块；洗净的五花肉切成块；鸡蛋取蛋黄。
❷ 锅中加入清水烧开，倒入五花肉，氽至转色即可捞出。
❸ 五花肉中加入白糖、少许盐、蛋黄拌匀，撒上生粉裹匀。
❹ 热锅注油，烧至六成熟，放入五花肉，翻动几下，炸约2分钟至熟透，捞出。
❺ 用油起锅，倒入葱白爆香，倒入切好备用的青椒片、红椒片炒香。
❻ 倒入切好的菠萝炒匀。
❼ 加入白糖炒至融化。
❽ 再加入番茄酱炒匀。
❾ 倒入炸好的五花肉炒匀。
❿ 加入适量白醋，拌炒匀至入味，盛出装盘即可。

大厨面对面

倒入炸好的五花肉拌炒时要快速，以免肉的酥脆感消失。

盐煎肉

烹饪时间：10分钟 | 功效：增强免疫力 | 适合人群：一般人群

原料

五花肉400克，蒜苗100克，红椒1个

调料

豆瓣酱10克，豆豉8克，白糖3克，生抽适量，食用油适量

做法

❶ 将五花肉切成长约5厘米、宽为3厘米、厚为0.3厘米的薄片；蒜苗、红椒洗净，切段。
❷ 热锅中放入肉片，用小火炒至肉片出油，盛出，待用。
❸ 锅中下入豆瓣酱、豆豉，炒至上色。
❹ 再放入生抽、白糖炒匀。
❺ 下入炒好的肉片，翻炒至肉片上色。
❻ 下入蒜苗、红椒翻炒，炒至食材断生、香味四溢即可。

大厨面对面

五花肉不要切得太厚，炸的时候更易出油，逼出猪油后，吃起来口感不会太油腻。

干锅腊肉茶树菇

烹饪时间：6分钟 | 功效：防癌抗癌 | 适合人群：一般人群

茶树菇200克，腊肉240克，洋葱50克，红椒40克，芹菜35克，豆瓣酱20克，干辣椒、花椒、香菜各少许

鸡粉2克，白糖2克，生抽3毫升，料酒4毫升，食用油适量

❶ 洗净的洋葱切丝；芹菜切段；红椒切圈；茶树菇切段；腊肉切片。❷ 锅注水烧开，放入腊肉，氽去盐分，捞出。❸ 将茶树菇倒入锅中，焯煮至断生，捞出。❹ 用油起锅，放入花椒、豆瓣酱，炒香，加入干辣椒、腊肉、茶树菇，略炒。❺ 放入红椒圈、芹菜，炒至熟软。❻ 放入生抽、料酒、白糖、鸡粉、洋葱炒匀，装入干锅，放上香菜即可。

大厨面对面

新鲜的茶树菇味醇清香，而用晒制的茶树菇制成菜品，也别有一番浓厚的鲜味。

芝麻辣味炒排骨

烹饪时间：7分钟 | 功效：益气补血 | 适合人群：一般人群

白芝麻8克，猪排骨500克，干辣椒、葱花、蒜末各少许

生粉20克，豆瓣酱15克，盐3克，鸡粉3克，料酒15毫升，辣椒油4毫升，食用油适量

做法

❶ 将洗净的猪排骨装入碗中，放入盐、鸡粉、料酒、豆瓣酱、生粉，抓匀。

❷ 热锅注油烧热，倒入排骨，炸至金黄色，捞出，沥干油。

❸ 锅底留油，倒入蒜末、干辣椒、排骨、料酒、辣椒油、葱花炒匀。

❹ 再放入白芝麻，炒匀，关火后盛出炒好的食材，装入盘中即可。

大厨面对面

排骨放入油锅后要搅散，以免黏在一起。

香菇牛柳

烹饪时间：14分钟 | 功效：开胃消食 | 适合人群：一般人群

原料

芹菜40克，香菇30克，牛肉200克，红椒少许

调料

盐2克，鸡粉2克，生抽8毫升，水淀粉6毫升，蚝油4克，料酒、食用油各适量

做法

1. 洗净的香菇切成片；洗好的芹菜切成段。
2. 洗净的牛肉切成片，再切成条。
3. 把牛肉条装入碗中，放入少许盐、料酒、生抽、水淀粉。
4. 搅拌均匀，淋入少许食用油，腌渍10分钟。
5. 锅中注水烧开，倒入香菇，略煮片刻，捞出。
6. 热锅注油，倒入牛肉，翻炒均匀。
7. 放入香菇、红椒、芹菜，翻炒匀。
8. 加入少许生抽、鸡粉、蚝油、水淀粉，翻炒片刻至食材入味即可。

大厨面对面

牛肉切之前可用刀背拍几下，这样更易入味。

沾益辣子鸡

烹饪时间：15分钟 | 功效：增强免疫力 | 适合人群：一般人群

原料

鸡肉块450克，香菇50克，蒜苗40克，葱段2克，姜片3克，干辣椒20克，剁椒7克，花椒粒3克

调料

盐3克，鸡粉3克，白糖3克，料酒5毫升，生抽5毫升，老抽3毫升，食用油适量

做法

❶ 洗净的蒜苗斜刀切段；洗净的香菇斜刀切成两半；沸水锅中倒入鸡肉块，煮至转色，捞出。
❷ 锅中注油烧热，爆香花椒粒、葱段、姜片，倒入鸡肉块，炒匀，淋上料酒、生抽，炒入味。
❸ 注入300毫升的清水，倒入剁椒、香菇，拌匀，加入老抽、干辣椒，加盖，焖煮至熟。
❹ 揭盖，倒入蒜苗，炒匀，加入盐、鸡粉、白糖，充分炒匀入味，盛入盘中即可。

大厨面对面　鸡肉块可先腌渍一下，这样可以使其更加入味，口感更佳。

辣椒炒鸡丁

烹饪时间：6分钟 | 功效：强身健体 | 适合人群：一般人群

原料

鸡脯肉130克，红椒60克，青椒65克，姜片、葱段、蒜末各少许

调料

盐2克，鸡粉2克，白糖2克，生抽5毫升，料酒5毫升，水淀粉5毫升，辣椒油5毫升，食用油适量

做法

❶ 洗净的鸡脯肉切成丁；洗净的红椒、青椒去籽，切成小块。❷ 往鸡肉丁中加入适量盐、鸡粉、料酒、水淀粉，拌匀，腌渍10分钟。❸ 热锅注油烧热，倒入鸡肉丁，炒至变色，放入葱段、姜片、蒜末，爆香，倒入青椒、红椒，拌匀。❹ 淋上料酒、生抽拌匀，注入适量的水，撒上盐、鸡粉、白糖拌匀，淋上水淀粉、辣椒油拌入味即可。

宫保鸡丁

烹饪时间：4分钟 | 功效：增强免疫力 | 适合人群：一般人群

原料

鸡胸肉300克，黄瓜800克，花生50克，干辣椒7克，蒜头10克，姜片少许

调料

盐5克，味精2克，鸡粉3克，料酒3毫升，生粉、食用油、辣椒油、芝麻油各适量

做法

❶ 洗净的黄瓜、蒜头切丁；鸡胸肉切丁，加入盐、味精、料酒、生粉、食用油拌匀，腌渍10分钟。❷ 锅注油烧热，倒入花生，炸熟捞出；放入鸡丁，炸熟捞出。❸ 用油起锅，爆香大蒜、姜片，倒入干辣椒炒香，倒入黄瓜炒匀，加入盐、味精、鸡粉炒匀，倒入鸡丁炒匀，加入少许辣椒油、芝麻油炒匀，盛出装盘，倒入炸好的花生米即可。

西葫芦炒鸡丝

烹饪时间：3分钟 | 功效：清热解毒 | 适合人群：一般人群

西葫芦160克，彩椒30克，鸡胸肉70克

盐2克，鸡粉2克，料酒3毫升，水淀粉6毫升，食用油适量

❶ 将洗净的西葫芦切成细丝；洗好的彩椒切成细丝；洗净的鸡胸肉切成细丝。

❷ 将鸡肉丝装入碗中，加入盐、料酒、水淀粉、食用油，拌匀，腌渍至其入味。

❸ 热油锅中倒入腌渍好的鸡肉丝，滑油片刻，捞出，沥干油。

❹ 锅底留油烧热，倒入彩椒、鸡肉丝，加入西葫芦、盐、鸡粉、料酒、水淀粉，炒匀，关火后盛出炒好的菜肴即可。

大厨面对面 鸡肉丝不宜炒太长时间，以免肉质变老，影响口感。

黄焖鸡

烹饪时间：48分钟 | 功效：益气补血 | 适合人群：女性

原料

鸡肉块350克，水发香菇160克，水发木耳90克，水发笋干110克，干辣椒、姜片、蒜头、葱白、葱叶各少许，啤酒600毫升

调料

盐3克，鸡粉少许，蚝油6克，料酒4毫升，生抽5毫升，水淀粉、食用油各适量

做法

❶ 将洗净的笋干切段。❷ 用油起锅，爆香姜片、蒜头、葱白，倒入鸡肉块，炒匀。❸ 淋入料酒，放入香菇、笋干、干辣椒，炒匀。❹ 再放入啤酒、盐、生抽、蚝油，拌匀，烧开后用小火焖至鸡肉入味。❺ 倒入木耳，加入鸡粉，撒上葱叶，炒匀。❻ 用水淀粉勾芡，炒至汤汁收浓即可。

大厨面对面 | 鸡肉块也可先汆水再烹调，这样能减轻腥味。

泡椒炒鸭肉

烹饪时间：6分钟｜功效：降低血脂｜适合人群：糖尿病者

鸭肉200克，灯笼泡椒60克，泡小米椒40克，姜片、蒜末、葱段各少许

豆瓣酱10克，盐3克，鸡粉2克，生抽少许，料酒5毫升，水淀粉、食用油各适量

1. 灯笼泡椒切小块
2. 泡小米椒切小段。
3. 鸭肉切成小块。
4. 将鸭肉块装在碗中，加入生抽、盐、鸡粉、料酒，加入水淀粉，拌匀，腌渍约10分钟，至食材入味。
5. 锅中注水烧开，倒入鸭肉块，汆熟。
6. 捞出煮好的鸭肉，沥干水分，备用。
7. 用油起锅，放入鸭肉块、蒜末、姜片，翻炒匀。
8. 放入料酒、生抽、泡小米椒、灯笼泡椒。
9. 放入豆瓣酱、鸡粉，注入清水，用中火焖煮3分钟。
10. 淋上水淀粉勾芡，关火后盛出锅中的食材，放在盘中，撒上葱段即成。

大厨面对面

将切好的灯笼泡椒和泡小米椒浸入清水中泡一会儿再使用，辛辣的味道会减轻一些。

辣椒炒鸡蛋

烹饪时间：2分钟｜功效：开胃消食｜适合人群：一般人群

原料

青椒50克，鸡蛋2个，红椒圈、蒜末、葱白各少许

调料

食用油30毫升，盐3克，水淀粉10毫升，味精少许

做法

❶ 洗净的青椒切成小块。
❷ 鸡蛋打入碗中，加入少许盐、鸡粉调匀。
❸ 热锅注油烧热，倒入蛋液拌匀。
❹ 翻炒至熟，盛入盘中备用。
❺ 用油起锅，倒入蒜末、葱白、红椒圈炒匀，倒入青椒。
❻ 加入盐、味精炒至入味。
❼ 倒入鸡蛋炒匀，加入水淀粉，快速翻炒匀。
❽ 将炒好的食材盛入盘中即可。

大厨面对面

在打散的鸡蛋里放入少量清水，待搅拌后放入锅里，炒出的鸡蛋较嫩。

韭菜炒鸡蛋

烹饪时间：2分钟 | 功效：开胃消食 | 适合人群：一般人群

原料

韭菜120克，鸡蛋2个

调料

盐2克，鸡粉1克，味精、食用油各适量

做法

1. 将洗净的韭菜切成约3厘米长的段。
2. 鸡蛋打入碗中，加入少许盐、鸡粉，用筷子朝一个方向搅散。
3. 炒锅热油，倒入蛋液炒至熟，盛出炒好的鸡蛋备用。
4. 油锅烧热，倒入韭菜翻炒半分钟。
5. 加入盐、鸡粉、味精炒匀至韭菜熟透。
6. 再倒入炒好的鸡蛋，翻炒均匀。
7. 将炒好的韭菜鸡蛋盛入盘中即成。

大厨面对面

韭菜易熟，入锅翻炒的时间不宜太长，否则就会失去韭菜鲜嫩的口感。

苦瓜炒蛋

烹饪时间：4分钟 | 功效：增强免疫力 | 适合人群：一般人群

原料

苦瓜350克，红椒片10克，葱白7克，鸡蛋2个

调料

盐、白糖、食用油各适量

做法

❶ 苦瓜洗净，切片。
❷ 鸡蛋打入碗内，加入少许盐打散。
❸ 用油起锅，倒入蛋液拌匀，炒熟盛出。
❹ 用油起锅，倒入苦瓜、红椒片、葱白翻炒至熟，倒入炒好的鸡蛋，加入盐、白糖调味，再翻炒匀，盛出，装入盘中即可。

大厨面对面 苦瓜切片后，可撒上少许盐腌渍片刻，然后再炒制，这样既可以减轻苦味，也不会破坏苦瓜原有的风味。

火腿炒鸡蛋

烹饪时间：4分钟 | 功效：增强免疫力 | 适合人群：一般人群

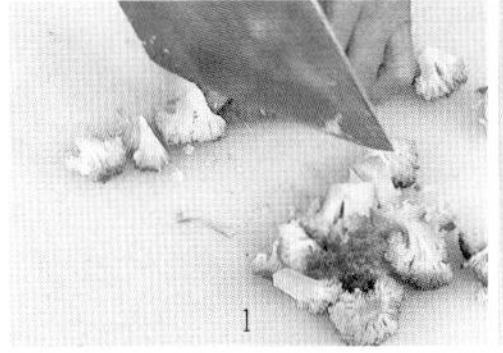
1

2

3

4

原料

鸡蛋3个，火腿肠75克，黄油8克，西蓝花20克

调料

盐1克

做法

❶ 火腿肠去包装，切片，切条，改切成丁；洗净的西蓝花切成小块。

❷ 取一碗，打入鸡蛋，加入盐，将鸡蛋打散成蛋液。

❸ 锅置火上，放入黄油，烧至融化，倒入蛋液，炒匀，放入切好的西蓝花，炒约2分钟至熟。

❹ 倒入火腿丁，翻炒1分钟至香气飘出，关火后盛出炒好的菜肴，装盘即可。

大厨面对面

火腿丁可稍稍煎制一会儿再翻炒，味道更佳。

咸蛋黄炒黄瓜

烹饪时间：8分钟 | 功效：美容养颜 | 适合人群：女性

原料

黄瓜160克，彩椒12克，咸蛋黄60克，高汤70毫升

调料

盐、胡椒粉各少许，鸡粉2克，水淀粉、食用油各适量

做法

❶ 洗净的黄瓜去瓤，斜刀切段；洗好的彩椒切开，切菱形片；咸蛋黄切开，再切小块。

❷ 用油起锅，倒入切好的黄瓜，撒上彩椒片，炒匀。

❸ 注入适量高汤，放入切好的咸蛋黄，炒匀，盖盖，用小火焖约5分钟，至食材熟透。

❹ 揭盖，加入少许盐、鸡粉，撒上适量胡椒粉，炒匀调味，用水淀粉勾芡，至食材入味即可。

大厨面对面

咸蛋黄味道较咸，因此加入的盐不宜太多。

虾仁炒青豆

烹饪时间：5分钟 | 功效：保护心血管 | 适合人群：一般人群

原料

虾仁250克，青豆60克，姜片5克

调料

盐3克，料酒10毫升，生抽5毫升，水淀粉10毫升，食用油适量

做法

❶ 锅中注入适量清水烧开，放入少许盐、食用油，加入洗净的青豆，煮至变色，捞出。
❷ 锅中注入适量食用油，大火烧热。
❸ 倒入姜片爆香，放入洗净的虾仁。
❹ 淋入适量料酒，炒至虾仁变色、弯曲。
❺ 再加入焯好的青豆，拌炒片刻，加入盐、生抽炒匀调味，淋入水淀粉勾芡。
❻ 将炒好的菜肴盛出，装入盘中即可。

大厨面对面

虾仁快速翻炒数下后可将火调至中小火，以免将虾仁炒老。

美极什锦虾

烹饪时间：8分钟 | 功效：益气补血 | 适合人群：一般人群

基围虾400克，口蘑10克，香菇10克，青椒10克，洋葱15克，红彩椒15克，黄彩椒20克

盐2克，鸡粉3克，料酒5毫升，酱油10毫升，白胡椒粉5克，食用油适量

❶ 处理好的基围虾切去头部，再沿背部切一刀，但不切断。
❷ 洗净的红彩椒切粗条，改切成丁；洗好的黄彩椒切粗条，改切成丁。
❸ 洗净的青椒切成丁；洗好的洋葱切成丁。
❹ 洗净的香菇切条，改切成丁；洗好的口蘑切成丁。
❺ 取一碗，倒入酱油，加入盐、鸡粉、料酒、白胡椒粉，注入适量清水，拌匀，制成调味汁。
❻ 热锅注油，烧至六成热，放入基围虾，油炸片刻至转色，捞出基围虾，装盘备用。
❼ 待油温继续上升至八成热，再倒入炸过的基围虾，油炸片刻使基围虾更加酥脆，关火后将炸好的基围虾装入盘中备用。
❽ 用油起锅，放入洋葱，爆香，倒入香菇、口蘑，炒匀。
❾ 放入青椒、红彩椒、黄彩椒，翻炒约2分钟至熟。
❿ 放入基围虾，炒匀，倒入调好的调味汁，翻炒约1分钟至入味，盛出，装入盘中即可。

大厨面对面

可以根据自己的喜好，在调味汁中加入白糖。

辣味海鲜炒虾仁

烹饪时间：5分钟 | 功效：增强免疫力 | 适合人群：一般人群

虾仁200克，墨鱼200克，八爪鱼150克，姜末、蒜末、香菜各少许

盐3克，料酒10毫升，豆瓣酱30克，食用油适量

做法

1. 处理好的墨鱼肉切成条。
2. 锅中注水烧开，加入少许盐、料酒。
3. 放入墨鱼、八爪鱼汆水1分钟。
4. 倒入虾仁，焯至变色，捞出。
5. 锅中注油烧热，倒入姜末、蒜末，爆香。
6. 放入墨鱼、八爪鱼、虾仁。
7. 淋入料酒，拌炒片刻。
8. 加入盐、豆瓣酱，炒至入味。
9. 盛出，点缀上香菜即可。

虾仁炒制时间不宜太久，以免炒老了影响口感。

香辣酱炒花蟹

烹饪时间：9分钟 | 功效：清热解毒 | 适合人群：一般人群

原料

花蟹2只，豆瓣酱15克，葱段、姜片、蒜末、香菜段各少许

调料

盐2克，白糖3克，料酒、食用油各适量

做法

❶ 洗净的花蟹由后背剪开，去除内脏，对半切开，再把蟹爪切碎，待用。❷ 用油起锅，倒入豆瓣酱，炒香，放入姜片、蒜末，炒匀。❸ 淋入料酒，注入适量清水，倒入花蟹，拌匀。❹ 加入白糖、盐，拌匀，中火焖约5分钟至食材熟透，再放入葱段、香菜段，炒至断生即可。

辣炒蛤蜊

烹饪时间：10分钟 | 功效：补铁 | 适合人群：一般人群

原料

蛤蜊750克，干辣椒、蒜、姜、葱花各适量

调料

食用油适量，盐2克，蚝油5克，淀粉3克，黄酒10毫升，白糖4克

做法

❶ 蛤蜊放入清水中，在水里放入适量盐、食用油；干辣椒切段；蒜切片；姜切丝。❷ 把蛤蜊放入沸水中，煮1分钟捞出，再冲洗两遍。❸ 起锅放油，放入蒜片、姜丝、干辣椒段爆香，然后放入蛤蜊翻炒3分钟，放入黄酒、蚝油、白糖，翻炒均匀。❹ 淀粉兑水，倒入锅中勾芡，放入葱花，翻炒均匀即可。

干煸鱿鱼丝

烹饪时间：6分钟 | 功效：益气补血 | 适合人群：一般人群

鱿鱼200克，猪肉300克，青椒30克，红椒30克，蒜末、干辣椒、葱花各少许

盐3克，鸡粉3克，料酒8毫升，生抽5毫升，辣椒油5毫升，豆瓣酱10克，食用油适量

❶ 猪肉煮熟捞出；洗净的青椒、红椒均切成圈；煮好的猪肉切条；处理好的鱿鱼切成条。

❷ 切好的鱿鱼中放入盐、鸡粉、料酒，拌匀腌渍；沸水锅倒入鱿鱼丝，煮至变色，捞出。

❸ 用油起锅，倒入猪肉条，炒香，淋入生抽，倒入干辣椒、蒜末，加入少许豆瓣酱，炒匀。

❹ 加入红椒、青椒、鱿鱼丝，放入盐、鸡粉、辣椒油，炒匀调味，再倒入葱花，快速翻炒均匀即可。

大厨
面对面

鱿鱼焯水的时间不宜过久，以免影响口感。

Part 2

炖煮出营养大菜

翻开本章，里面既有暖烘烘味道鲜美的汤，又有味浓浓酥软不烂的菜，能让人从舌尖一直暖到心里。囊括了滋味醇厚的炖肉、封存美味的豆制品和干货炖菜、鲜掉舌头的河海鲜佳肴以及吃腻大鱼大肉后的清肠蔬食，不管你是烹饪高手还是厨艺菜鸟，都能学会一款适合你的炖菜、汤煲。今天，就算再忙再累也要回家吃饭，让那记忆中的老味道，治愈疲惫的身心。

炖煮之道

炖煮的方式，在很大程度上保留了食材中的营养成分，展现了食材的原汁原味，是非常健康的烹饪方法。但问题也随之而来，炖煮的菜肴往往味道清淡，怎样烹饪才能更美味呢？

不隔水炖煮

将原料放入开水当中烫去血污和异味，再放入砂锅内，加足清水和调料，加盖密封，烧开后改用小火长时间加热、调味成菜的技法，即为不隔水炖煮。此法切忌用旺火久烧，只要水一烧开就要转入小火炖，否则汤色就会变白，失去菜汤清亮的特色。

隔水炖煮

将焯烫过的原料放入容器中，加汤水和调料，密封，置于水锅中或蒸锅上，用开水或蒸汽进行长时间加热的技法。其技术要领是，炖时保证锅内不能断水，如锅内水不足，必须及时补水，直到原料熟透变烂为止，这个过程可能需要3～4个小时。

微火慢煮

微火又叫小火，适合质地老、硬、韧的主料。微火炖煮的烹饪时间较长，可使菜肴酥、烂，味道醇厚。如炖煮肉、排骨时要用小火，且食材块越大，火要越小，这样才能让热量、调料渗进食材中，达到里外都软烂、鲜香入味的效果。

蔬菜炖煮加花椒

首先烧半锅开水，按个人口味加入香辛料，如几粒花椒或白胡椒。沸腾后，加入青菜再煮2～3分钟，关火捞出，这样炖煮出的蔬菜更加清香。

香料去腥提味

炖煮肉类时，为了除掉或掩盖动物性原料（如牛、羊肉及内脏）的腥、臊、膻、臭等异味，可将八角、花椒、胡椒、桂皮、陈皮、杏仁、甘草、小茴香、孜然等各种香料或调味品按一定比例搭配好，放入纱布口袋中与肉同炖，既能除异味又能使其香气渗进菜肴中。

煲汤秘法

在制作汤品的过程中，常常会遇到各种状况，让最后的成品口感大打折扣。如何让汤品更美味、更美观，是每个制作者都想要掌握的独门绝招。下面为您介绍几个制汤小窍门，让制作美味的汤品不再是难事！

1.汤太咸怎么补救？

很多人都有过这样的经历，做汤过程中，一不小心盐放多了，汤变得太咸。硬着头皮喝吧，实在难以入口；倒掉吧，又可惜。怎么办呢？只要用一个小布袋，里面装进一把面粉或者大米，放在汤中一起煮，咸味很快就会被吸收进去，汤自然就变淡了。也可以把一个洗净去皮的生土豆放入汤内煮5分钟，汤亦可变淡。

2.汤太油怎么补救？

有些含脂肪多的原料煮出来的汤特别油腻，遇到这种情况，一种办法是使用市面上卖的滤油壶，把汤中过多的油分滤去。如果手头上没有滤油壶，可采用第二种办法，将少量紫菜置于火上烤一下，然后撒入汤内，紫菜可吸去过多油腻。

3.浓汤如何去沫？

烧蹄汤、排骨汤时，汤面上常有很多浮沫出现。应先将汤上的浮沫舀去，再加入少许白酒，既可分解浮沫，又能改善汤的色、香、味。

汤中加入适量的菠菜，同样可达到去沫效果。

4.汤汁如何变浓？

在没有鲜汤的情况下，要使汤汁变浓，一是在汤汁中勾上薄芡，使汤汁增加稠厚感；二是加油，令油与汤汁混合成乳浊液。

5.排骨汤如何增鲜？

排骨汤味道鲜美，营养丰富。煮汤时，如在汤内放点醋，可促进骨头中的蛋白质及钙、磷、铁等矿物质溶解出来。此外，醋还可以防止食物中的维生素被破坏，使汤的营养价值更高，味道更鲜美。

白灼菜心

烹饪时间：2分钟 | 功效：开胃消食 | 适合人群：老年人

原料

菜心400克，姜丝、红椒丝各少许

调料

盐3克，生抽5毫升，味精3克，鸡精3克，芝麻油、食用油各适量

做法

1. 将洗净的菜心修整齐。
2. 锅中注水烧开，加入食用油、盐。
3. 放入菜心，拌匀，煮约2分钟至熟。
4. 捞出，沥干水分，装入盘中备用。
5. 取小碗，加入生抽、味精、鸡精。
6. 再加入煮菜心的汤汁，放入姜丝、红椒丝。
7. 再倒入少许芝麻油拌匀，制成味汁。
8. 将调好的味汁盛入味碟中。
9. 食用菜心时佐以味汁即可。

大厨面对面

菜心入锅煮的时间不可太久，否则菜叶会变黄，影响成品美观。

白灼芦笋

烹饪时间：5分钟 | 功效：抗癌 | 适合人群：一般人群

原料

芦笋150克

调料

盐、鸡粉各3克，水淀粉、食用油各适量

做法

❶ 芦笋洗净，刮去老皮。
❷ 锅中注入适量清水，大火烧开。
❸ 撒入少许盐、鸡粉，淋入适量食用油。
❹ 放入芦笋，煮至熟透变色。
❺ 捞出芦笋，摆入盘中。
❻ 另起锅，注入少许清水。
❼ 加入盐、鸡粉拌匀，淋入适量水淀粉勾芡，即成调味汁。
❽ 把调味汁浇在芦笋上即可。

大厨面对面

芦笋处理好后，可先用清水浸泡，能去除一定的苦味。

奶油炖菜

烹饪时间：20分钟 | 功效：增强免疫力 | 适合人群：一般人群

去皮胡萝卜80克，春笋100克，口蘑50克，去皮土豆150克，西蓝花100克，淡奶油、黄油各5克，面粉35克

盐2克，黑胡椒粉1克，料酒5毫升

做法

❶ 洗净的口蘑去柄；洗好的胡萝卜切滚刀块。
❷ 洗净的春笋、土豆均切滚刀块；洗好的西蓝花切开，切小朵。
❸ 锅中注水烧开，倒入切好的春笋，加入料酒，拌匀。
❹ 焯煮约20分钟至去除其苦涩味，捞出焯好的春笋，装盘。
❺ 另起锅，倒入黄油，拌匀至融化，加入面粉，充分拌匀。
❻ 注入800毫升左右的清水，烧热，倒入焯好的春笋。
❼ 放入切好的胡萝卜、口蘑、土豆，拌匀。
❽ 加盖，用中火炖约15分钟至食材熟透。
❾ 揭盖，放入切好的西蓝花。
❿ 加入盐、淡奶油、黑胡椒粉，拌匀即可。

大厨面对面

如果想要该道菜奶香味更浓，可用适量小麦粉和牛奶一起炒成牛奶糊替代面粉。

川味烧萝卜

烹饪时间：18分钟｜功效：清热解毒｜适合人群：一般人群

白萝卜400克，红椒35克，白芝麻4克，干辣椒15克，花椒5克，蒜末、葱段各少许

盐2克，鸡粉1克，豆瓣酱2克，生抽4毫升，水淀粉、食用油各适量

❶ 将洗净去皮的白萝卜切段，再切片，改切成条形；洗好的红椒斜切成圈，备用。
❷ 用油起锅，倒入花椒、干辣椒、蒜末，爆香。
❸ 放入白萝卜条，炒匀。
❹ 加入豆瓣酱、生抽、盐、鸡粉，炒至熟软。
❺ 注入适量清水，炒匀。
❻ 盖上盖，烧开后用小火煮10分钟至食材入味。
❼ 揭盖，放入红椒圈，炒至断生。
❽ 用水淀粉勾芡，撒上葱段，炒香，盛出，撒上白芝麻即可。

大厨面对面

萝卜段应切得粗细一致，这样煮好的白萝卜口感更均匀。

酱汁炖土豆

烹饪时间：13分钟 | 功效：健脾利湿 | 适合人群：一般人群

原料

土豆300克，八角5克，香菜、姜片、葱段各少许

调料

生抽10毫升，老抽3毫升，盐、鸡粉各3克，水淀粉5毫升，食用油适量

做法

❶ 洗净去皮的土豆切成条。
❷ 锅中注入适量清水烧开，倒入土豆条。
❸ 焯1分钟，捞出。
❹ 热锅注油烧热，倒入八角、葱段、姜片爆香。
❺ 加入土豆条，淋上生抽，注入80毫升的清水。
❻ 加入老抽、盐。
❼ 加盖，大火煮开后转小火焖10分钟。
❽ 揭盖，加入鸡粉，淋入水淀粉勾芡，充分拌匀至入味。
❾ 关火后将土豆盛入盘中，撒上香菜即可。

大厨面对面

切开后的土豆，可放入清水中浸泡，以防止遇空气后氧化变黑。

玉米油菜汤

烹饪时间：25分钟 | 功效：降低血脂 | 适合人群：一般人群

上海青120克，玉米段80克，胡萝卜块120克，姜片少许，高汤适量

盐2克，鸡粉2克，胡椒粉2克

❶ 锅中注水烧开，放入洗净的上海青。❷ 焯煮至断生，捞出，待用。❸ 砂锅中注入高汤烧开，加入姜片，倒入洗净的胡萝卜和玉米段，搅匀。❹ 盖上盖，烧开后转中火煮约20分钟至食材熟透。❺ 揭盖，加入鸡粉、盐、胡椒粉，拌匀调味。❻ 把煮好的汤料盛入碗中，用筷子把余煮好的上海青夹入碗中即可。

大厨面对面 上海青焯煮的时间不宜太长，以免营养物质流失。

金针菇玉米冬瓜汤

烹饪时间：15分钟 | 功效：养颜排毒 | 适合人群：一般人群

原料

金针菇80克，冬瓜块100克，玉米粒150克，姜片、葱花各少许

调料

盐3克，鸡粉3克，胡椒粉2克，食用油适量

做法

❶ 锅中注水烧开，淋入适量食用油。
❷ 加少许盐、鸡粉，拌匀调味。
❸ 放入洗净的冬瓜块、姜片，搅匀。
❹ 盖上盖，煮约2分钟至七成熟。
❺ 揭盖，放入洗净的金针菇、玉米粒，拌匀。
❻ 盖上锅盖，煮约7分钟至熟。
❼ 打开锅盖，加少许胡椒粉。
❽ 拌煮片刻至食材入味。
❾ 关火后盛出煮好的汤料，撒上葱花即可。

大厨面对面

金针菇洗净后宜切去根部再煮，这样可保证其良好的口感。

薏米炖冬瓜

烹饪时间：31分钟 | 功效：清热解毒 | 适合人群：一般人群

冬瓜230克，薏米60克，姜片、葱段各少许

盐2克，鸡粉2克

❶ 洗好的冬瓜去瓤，再切小块，备用。
❷ 砂锅中注入适量清水，大火烧热，倒入备好的冬瓜、薏米，撒上姜片、葱段。
❸ 盖上盖，烧开后用小火煮约30分钟至熟。
❹ 揭盖，加入少许盐、鸡粉，拌匀调味，关火后盛出煮好的菜肴即可。

薏米可用水泡发后再煮，这样能节省烹饪时间。

砂锅粉丝豆腐煲

烹饪时间：12分钟 | 功效：清热解毒 | 适合人群：一般人群

原料

腐竹10克，豆腐15克，胡萝卜50克，菜心100克，粉丝30克，鸡汤800毫升

调料

盐2克，白胡椒2克，芝麻油3毫升

做法

❶ 粉丝用温开水泡发；腐竹用水泡发。❷ 豆腐切成块；择洗好的菜心切成段；洗净去皮的胡萝卜切滚刀块；泡发好的腐竹切块。❸ 锅中注水烧开，倒入豆腐，煮沸去除酸味，捞出，沥干水分。❹ 砂锅中放入胡萝卜、豆腐、腐竹，倒入备好的鸡汤，开大火。❺ 盖上锅盖，煮开后转小火炖8分钟。❻ 揭开锅盖，放入粉丝、菜心，加入盐、白胡椒，稍稍搅拌，淋入芝麻油，盛入碗中即可。

大厨面对面

腐竹用热水泡发，能减短泡发时间。

白菜炖豆腐

烹饪时间：17分钟 | 功效：清热解毒 | 适合人群：一般人群

原料

冻豆腐150克，白菜100克，水发粉丝90克，姜片、葱花各少许，高汤450毫升

调料

盐3克，鸡粉2克，料酒4毫升，食用油适量

做法

❶ 将洗净的白菜切去根部；洗好的冻豆腐切开，改切长条块。❷ 砂锅置火上，倒入少许食用油烧热，放入姜片，爆香，注入备好的高汤，用大火略煮，至汤汁沸腾。❸ 倒入切好的白菜、冻豆腐，再注入少许清水。❹ 加入适量盐、鸡粉，淋入少许料酒，拌匀。❺ 放入备好的粉丝，搅拌匀，盖上盖，转小火煮约15分钟，至食材熟透。❻ 揭盖，转大火，略煮片刻，撒上葱花即成。

大厨面对面

冻豆腐不宜切得太小，以免失去其韧劲。

金针菇蔬菜汤

烹饪时间：14分钟 | 功效：益气补血 | 适合人群：一般人群

原料

金针菇30克，香菇10克，上海青20克，胡萝卜50克，清鸡汤300毫升

调料

盐2克，鸡粉3克，胡椒粉适量

做法

❶ 洗净的上海青切成小瓣；洗好去皮的胡萝卜切片；洗净的金针菇切去根部。❷ 砂锅中注水，倒入清鸡汤，盖上盖，用大火煮至沸。❸ 揭盖，倒入金针菇、香菇、胡萝卜，拌匀，续煮10分钟，倒入上海青。❹ 加入盐、鸡粉、胡椒粉，拌匀，关火后盛出煮好的汤料，装入碗中即可。

川贝枇杷汤

烹饪时间：23分钟 | 功效：养心润肺 | 适合人群：一般人群

原料

枇杷40克，雪梨20克，川贝10克

调料

白糖适量

做法

❶ 洗净去皮的雪梨去核，切成小块，备用。❷ 洗净的枇杷去蒂，切开，去核，再切成小块。❸ 锅中注入适量清水烧开，将枇杷、雪梨和川贝倒入锅中。❹ 搅拌片刻，盖上锅盖，用小火煮20分钟至食材熟透。❺ 揭开锅盖，倒入少许白糖，搅拌均匀，将煮好的糖水盛出，装入碗中即可。

红烧狮子头

烹饪时间：8分钟 | 功效：开胃消食 | 适合人群：一般人群

原料

上海青80克，马蹄肉60克，鸡蛋1个，肉末200克，葱花、姜末各少许

调料

盐2克，鸡粉3克，蚝油、生抽、生粉、水淀粉、料酒、食用油各适量

做法

❶ 洗净的上海青切成瓣；洗好的马蹄肉切成碎末。
❷ 取一个碗，倒入肉末、姜末、葱花、马蹄肉末。
❸ 打入鸡蛋，拌匀，加入盐、鸡粉、料酒、生粉，拌匀，待用。
❹ 锅中注入适量清水烧开，加入少许盐，放入上海青，焯煮至断生，捞出上海青，装盘。
❺ 锅中注油烧至六成热，把拌匀的材料揉成肉丸，放入锅中。
❻ 用小火炸4分钟至其呈金黄色，捞出，装盘备用。
❼ 锅底留油，注入适量清水，加入盐、鸡粉、蚝油、生抽。
❽ 放入炸好的肉丸，略煮一会儿至其入味。
❾ 捞出肉丸，放入装有上海青的碗中，待用。
❿ 锅内倒入水淀粉，拌匀，关火后盛出汁液，倒入碗中即可。

用水淀粉勾芡，可使汤汁更黏稠，色泽更佳。

肉酱焖土豆

烹饪时间：7分钟｜功效：美容养颜｜适合人群：一般人群

原料

小土豆300克，五花肉100克，姜末、蒜末、葱花各少许

调料

豆瓣酱15克，盐、鸡粉各2克，料酒5毫升，老抽、水淀粉、食用油各适量

做法

❶ 洗净的五花肉切成片，剁成肉末，备用。
❷ 用油起锅，倒入姜末、蒜末，大火爆香，放入肉末，快速翻炒至转色。
❸ 淋入少许老抽，炒匀上色，倒入少许料酒，炒匀。
❹ 放入豆瓣酱，翻炒匀，倒入已去皮的小土豆，翻炒匀。
❺ 注入适量清水，加入盐、鸡粉，拌匀至入味。
❻ 盖上盖，用小火焖煮约5分钟至食材熟透。
❼ 取下锅盖，用大火快速翻炒至汤汁收浓，倒入少许水淀粉勾芡，撒上葱花。
❽ 将土豆盛出，装在盘中即成。

大厨面对面

小土豆的表皮不容易去除，可以先将小土豆放入沸水锅中煮至三成熟，捞出后用冷水浸泡片刻，去皮时就比较容易了。

红烧豆腐

烹饪时间：5分钟 | 功效：开胃消食 | 适合人群：一般人群

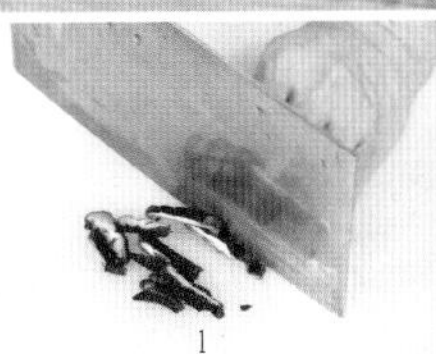

1

2

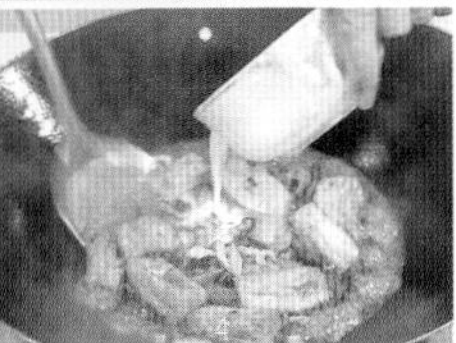

原料

老豆腐300克，瘦肉丝40克，水发香菇30克，姜片、蒜片、葱段各少许

调料

盐3克，味精3克，白糖3克，鸡粉3克，老抽3毫升，料酒、水淀粉、蚝油、豆瓣酱、食用油各适量

做法

❶ 将老豆腐切成方块；洗净的香菇切成丝。

❷ 热锅注油，烧至五成热，倒入老豆腐，炸约2分钟至老豆腐表面呈金黄色，捞出。

❸ 锅底留油，倒入姜片、蒜片、葱段、香菇，再倒入肉丝炒香，加入料酒、适量清水、蚝油、盐、味精、白糖、鸡粉、豆瓣酱、老抽炒匀。

❹ 倒入老豆腐煮约2分钟入味，加入水淀粉勾芡，再加少许熟油炒匀，盛入盘中即可。

大厨面对面

切豆腐前，将豆腐放在淡盐水中浸泡一会，切时不容易碎。

土豆胡萝卜烧肉

烹饪时间：35分钟 | 功效：保护视力 | 适合人群：一般人群

猪肉200克，土豆120克，胡萝卜100克，八角1颗，花椒粒、香菜、蒜末、姜末各少许

盐、鸡粉、黑胡椒粉各2克，生抽、料酒各8毫升，水淀粉10毫升，食用油适量

做法

❶ 洗净的猪肉切块；洗净去皮的土豆、胡萝卜均切块；洗净的香菜切碎。
❷ 锅中注水烧开，倒入猪肉、料酒，氽2分钟后捞出。
❸ 锅中注油烧热，倒入蒜末、姜末、花椒粒、八角爆香。
❹ 倒入猪肉，炒出香味，放入土豆、胡萝卜。
❺ 淋入生抽，注入适量清水，炖30分钟。
❻ 加入盐、鸡粉、黑胡椒粉，搅拌均匀，淋入水淀粉勾芡。
❼ 盛出，撒上香菜即可。

大厨面对面 | 将土豆、猪肉切小块一些，可减少炖煮时间。

鲜蔬炖肉

烹饪时间：18分钟 | 功效：增强免疫力 | 适合人群：一般人群

土豆100克，猪肉150克，胡萝卜80克，豌豆80克，香叶、花椒、八角、桂皮各适量

盐2克，食用油适量

❶ 将洗净去皮的土豆切成块；洗净的猪肉切成片；洗净去皮的胡萝卜切成片。

❷ 锅中注水烧热，将洗净的豌豆放入沸水锅中，焯熟后捞出，沥干水分。

❸ 锅中注油烧热，放入香叶、花椒、八角、桂皮，爆香，注入适量清水，煮至沸腾。

❹ 放入猪肉、土豆、胡萝卜、豌豆，加盖，煮至食材断生。

❺ 揭盖，加入盐，拌匀，盛出即可。

大厨面对面

猪肉用生抽、盐等调味品腌渍后再炖煮，味道更佳。

外婆红烧肉

烹饪时间：93分钟 | 功效：美容养颜 | 适合人群：一般人群

原料

五花肉800克，熟鸡蛋4个，八角、葱段、姜片各适量

调料

料酒5毫升，生抽4毫升，老抽2毫升，盐3克，白糖4克，鸡粉2克，水淀粉4毫升，食用油适量

做法

❶ 五花肉切块；锅中注水烧开，放入五花肉，汆去血水，捞出，沥干水分。

❷ 热锅注油烧热，爆香八角、葱段、姜片，放入五花肉，翻炒片刻。

❸ 淋入料酒、生抽，翻炒提鲜，注入适量的清水，加入老抽，搅拌匀。

❹ 加入盐、白糖，煮至沸腾。

❺ 盖上锅盖，大火煮开后转小火焖1小时至酥软。

❻ 揭开锅盖，放入熟鸡蛋，稍稍搅拌。

❼ 盖上锅盖，小火续焖30分钟。

❽ 揭开锅盖，加入鸡粉，搅拌片刻，倒入水淀粉，翻炒收汁即可。

大厨面对面

汆煮好的五花肉可用勺子挤压去除多余油脂，口感会更好。

苏式樱桃肉

烹饪时间：85分钟 | 功效：补中益气 | 适合人群：一般人群

1 2 3 4

原料

五花肉450克，香葱1把，白菜90克，樱桃40克，八角2个，丁香、姜片各少许，红曲米5克

调料

生抽5毫升，老抽3毫升，鸡粉、盐各3克，红糖10克

做法

❶ 洗净的白菜切条；洗净的樱桃去蒂；红曲米中加入适量的开水泡20分钟；沸水锅中倒入五花肉，氽煮2分钟，捞出，放入盘中待用。

❷ 五花肉将瘦肉和肥肉切开，瘦肉切小块，肥肉面上打上十字花刀。

❸ 往备好的砂锅中铺上白菜，放上五花肉、八角、丁香、姜片、香葱、泡发好的红曲米，注入500毫升的清水，加入生抽、老抽、盐，拌匀，大火煮开。

❹ 倒入樱桃，加入红糖，拌匀，转小火煮1个小时，揭盖，加入鸡粉，充分拌匀至入味即可。

大厨面对面

樱桃去核后更方便食用。

东坡肉

烹饪时间：45分钟 | 功效：增强免疫力 | 适合人群：一般人群

原料

五花肉1000克，大葱30克，生菜叶20克

调料

盐2克，冰糖、红糖、老抽、食用油各适量

做法

❶ 锅中注入适量清水，放入洗好的五花肉，盖上盖，煮约2分钟。

❷ 揭盖，用竹签在五花肉上扎孔，盖上盖，再煮约1分钟，氽去血水，将五花肉捞出，抹上老抽上色。

❸ 热锅注油，烧至五成热，放入五花肉，盖上锅盖，炸片刻。

❹ 将炸好的五花肉捞出，用刀将五花肉修齐整，切成长方形的小方块，装盘备用。

❺ 洗净的大葱切3厘米长的段，装入碟中。

❻ 锅底留油，加入冰糖，倒入适量清水，放入少许红糖、老抽。

❼ 放入大葱，煮约1分钟至冰糖、红糖溶化。

❽ 加入盐，放入切好的肉块，盖上盖，小火焖30分钟。

❾ 揭盖，烧煮约4分钟，拌炒收汁。

❿ 将洗净的生菜叶垫于盘底，将东坡肉夹入盘中，浇上少许汤汁即成。

大厨面对面

切五花肉时，将其切成厚度一致的肉块，吃起来口感更佳。

红烧肉炖粉条

烹饪时间：67分钟 | 功效：增强免疫力 | 适合人群：一般人群

原料

水发粉条300克，五花肉550克，姜片、葱段各少许，八角1个，香菜适量

调料

盐、鸡粉各1克，白糖2克，老抽3毫升，料酒、生抽各5毫升，食用油适量

做法

❶ 洗净的五花肉切块；泡好的粉条从中间切成两段。
❷ 锅中注水烧开，倒入五花肉，汆去血水，捞出汆好的五花肉，沥干水分，装盘待用。
❸ 热锅注油，爆香八角、姜片、葱段，放入五花肉，稍炒均匀。
❹ 加入料酒、生抽，炒匀，注入适量清水。
❺ 加入老抽、盐、白糖，拌匀，加盖，用小火炖1小时至熟软入味。
❻ 揭盖，倒入泡好的粉条，拌匀。
❼ 加入鸡粉，拌匀，加盖，续煮5分钟至熟软。
❽ 关火后盛出红烧肉粉条，装碗，放上香菜点缀即可。

大厨面对面

生抽本身有鲜味，可不放鸡粉。

水煮肉片

烹饪时间：14分钟 | 功效：益气补血 | 适合人群：男性

原料

瘦肉200克，生菜50克，灯笼泡椒20克，生姜、大蒜各15克，葱花少许

调料

盐4克，水淀粉20毫升，味精3克，食粉3克，豆瓣酱20克，陈醋15毫升，鸡粉3克，食用油、辣椒油、花椒油、花椒粉各适量

做法

❶ 洗净的生姜拍碎，剁成末；洗净去皮的大蒜切片；灯笼泡椒切开，剁碎。

❷ 洗净的瘦肉切薄片，加入少许食粉、盐、味精拌匀，加入水淀粉拌匀，加入少许食用油，腌渍10分钟；热锅注油，烧至五成热，倒入肉片，滑油至转色即可捞出。

❸ 锅底留油，倒入蒜片、姜末、灯笼泡椒末、豆瓣酱爆香，倒入肉片，加入约200毫升清水，加入辣椒油、花椒油炒匀。

❹ 加入盐、味精、鸡粉炒匀，煮约1分钟入味，加入水淀粉勾芡，加入陈醋炒匀；洗净的生菜叶垫于盘底，盛入煮好的肉片，撒上葱花、花椒粉；锅中加入少许食用油，烧至七成热，将热油浇在肉片上即可。

大厨面对面

豆瓣酱一定要炒出红油，否则会影响成菜的外观和口感。

腊肉萝卜汤

烹饪时间：92分钟 | 功效：开胃消食 | 适合人群：一般人群

去皮白萝卜200克，胡萝卜块30克，腊肉300克，姜片少许

调料

盐2克，鸡粉3克，胡椒粉适量

❶ 洗净的白萝卜切厚块；腊肉切块。
❷ 锅中注入适量清水烧开，倒入腊肉，汆煮片刻。
❸ 关火后，将汆煮好的腊肉捞出，沥干水分，装入盘中，备用。
❹ 砂锅中注入适量清水，倒入腊肉、白萝卜、姜片、胡萝卜块，拌匀。
❺ 加盖，大火煮开后转小火煮90分钟至食材熟透。
❻ 揭盖，加入盐、鸡粉、胡椒粉，搅拌均匀至入味。
❼ 关火后盛出煮好的汤，装入碗中即可。

煮的过程中可以搅拌几次，使汤充分入味。

上海青排骨

烹饪时间：35分钟 | 功效：增强免疫力 | 适合人群：一般人群

原料

排骨350克，上海青120克，姜片、葱段、八角各少许

调料

盐3克，水淀粉、生抽、陈醋、料酒各5毫升，白糖10克，食用油适量

做法

❶ 洗净的上海青切瓣。❷ 沸水锅中加入适量盐、食用油、上海青，焯煮至断生，捞出，在盘中摆成花状。❸ 倒入洗净的排骨，氽煮至转色，捞出。❹ 锅中注水，加入适量的食用油、白糖，炒至变红，再注入清水。❺ 倒入排骨、八角、姜片、葱段炒匀，加入生抽、陈醋、料酒、盐拌匀，小火煮30分钟。❻ 夹出排骨，放在上海青上；锅内汤汁煮沸，加入水淀粉拌至浓稠，浇在排骨上即可。

大厨面对面 | 给排骨氽水时可加点料酒，能更好地去腥。

酸甜西红柿焖排骨

烹饪时间：15分钟｜功效：美容养颜｜适合人群：女性

排骨段350克，西红柿120克，蒜末少许

生抽4毫升，盐2克，鸡粉2克，料酒、番茄酱各少许，红糖、水淀粉、食用油各适量

❶ 锅中注水烧开，放入西红柿，煮至表皮裂开，捞出西红柿，放凉待用。
❷ 剥去放凉的西红柿表皮，对半切开，改切成小块。
❸ 另起锅，注入适量清水烧开，倒入洗净的排骨段。
❹ 拌匀，煮约1分30秒，汆去血水，撇去浮沫，捞出汆煮好的排骨段，沥干水分。
❺ 用油起锅，倒入蒜末，爆香，放入排骨段，炒干水汽，淋入少许料酒，炒匀。
❻ 加入生抽，炒香，注入少许清水，加入适量盐、鸡粉，倒入红糖，拌匀调味。
❼ 放入西红柿，加入番茄酱，炒匀炒香，盖上盖，用小火焖煮约4分钟至熟。
❽ 揭盖，转大火收汁，倒入适量水淀粉，拌煮约半分钟，装入盘中即可。

土豆炖排骨

烹饪时间：35分钟 | 功效：益气补血 | 适合人群：一般人群

排骨255克，土豆135克，八角10克，葱段、姜片各少许

料酒10毫升，盐2克，鸡粉2克，生抽4毫升，食用油适量

❶ 洗净去皮的土豆切成块。
❷ 锅中注入清水大火烧开，倒入排骨，汆煮片刻，去除血水和杂质。
❸ 将排骨捞出，待用。
❹ 用油起锅，倒入葱段、姜片、八角，爆香。
❺ 倒入备好的排骨，翻炒匀，淋上适量料酒，翻炒片刻。
❻ 倒入土豆块，淋入生抽，炒匀。
❼ 加入适量的清水，盖上锅盖，大火煮开后转小火炖煮30分钟。
❽ 揭盖，加入盐、鸡粉，翻炒调味，盛出即可。

大厨面对面

给排骨汆水时可加点料酒，能更好地去腥。

酱肘子

烹饪时间：125分钟 | 功效：增强免疫力 | 适合人群：一般人群

猪肘700克，生菜60克，八角3个，桂皮5克，花椒粒5克，姜片7克，大葱丝15克，香菜1克

白糖43克，盐、鸡粉各3克，老抽5毫升，生抽5毫升，水淀粉5毫升，食用油适量

做法

❶ 沸水锅中倒入猪肘，汆煮至转色，捞出放入盘中待用。
❷ 热锅注油，注入10毫升的清水，加入白糖，炒至变红色。
❸ 再次注入700毫升的清水，煮至沸腾。
❹ 将糖水盛入备好的锅中，注入适量的清水，放入猪肘、桂皮、花椒粒、八角、姜片。
❺ 加入盐、老抽、生抽，转至小火，加盖，焖煮2小时；将洗净的生菜摆放在盘中待用。
❻ 揭盖，捞出煮好的猪肘子放在砧板上，往猪肘肉上划上十字花刀。
❼ 将切好的猪肘肉摆放在生菜上待用。
❽ 汤水倒入锅中，煮至沸腾，加入鸡粉、水淀粉，拌匀，盛出淋在猪肘上，放上葱丝、香菜即可。

干烧猪蹄

烹饪时间：182分钟 | 功效：增强免疫力 | 适合人群：一般人群

原料

猪蹄块400克，冰糖50克，姜片40克，茴香10克，八角、葱段各少许

调料

老抽5毫升，生抽10毫升，盐4克，鸡粉2克，料酒4毫升

做法

❶ 锅中注水烧开，倒入洗净的猪蹄块，汆煮去除血水。❷ 将猪蹄块捞出。❸ 砂锅中注入适量的清水烧热，倒入猪蹄块、姜片、八角、茴香、葱段。❹ 倒入冰糖，加入料酒、生抽、老抽、盐，拌匀。❺ 盖上盖，大火煮开后转小火煮3小时至熟烂。❻ 掀开盖，加入鸡粉，搅拌调味，关火后将煮好的猪蹄块盛出装入碗中即可。

大厨面对面

在烹煮时可不时搅拌一会儿，以免煳锅。

三杯卤猪蹄

烹饪时间：94分钟 | 功效：益气补血 | 适合人群：女性

原料

猪蹄块300克，三杯酱汁120毫升，青椒圈25克，葱结、姜片、蒜头、八角、罗勒叶各少许

调料

盐3克，白酒7毫升，食用油适量

做法

❶ 锅中注入适量清水烧开，放入洗净的猪蹄块，汆煮约2分钟，去除污渍，捞出材料，沥干水分，待用。
❷ 锅中注入适量清水烧热，倒入汆好的猪蹄。
❸ 淋入白酒，倒入备好的八角，撒上部分姜片。
❹ 放入葱结，加入适量盐，大火煮一会儿，至汤水沸腾。
❺ 盖上盖，转小火煮约60分钟，至食材熟软。
❻ 揭盖，关火后捞出煮好的猪蹄块，待用。
❼ 用油起锅，放入蒜头，撒上余下的姜片，倒入青椒圈，爆香。
❽ 注入备好的三杯酱汁，倒入煮过的猪蹄，加入适量清水。
❾ 盖上盖，烧开后转小火卤约30分钟，至食材入味。
❿ 揭盖，放入洗净的罗勒叶，拌匀，煮至断生，关火后盛出卤好的菜肴，装在盘中，摆放好即可。

大厨面对面

猪蹄汆好后应再过一遍凉水，能更彻底地洗去污渍。

飘香酱牛肉

烹饪时间：125分钟 | 功效：补铁 | 适合人群：一般人群

牛腱子肉650克，甜面酱25克，八角2个，丁香3克，花椒3克，茴香3克，香叶4片，草果7克，小葱1捆，姜片10克，蒜瓣10克，香菜3克

盐4克，白糖5克，料酒、生抽各5毫升，老抽4毫升，食用油适量

做法

❶ 洗净的牛腱子肉切四大块。
❷ 沸水锅中放入切好的牛腱子肉，汆烫约1分钟至去除腥味和脏污。
❸ 捞出汆烫好的牛腱子肉，沥干水分，装盘待用。
❹ 用油起锅，放入姜片、蒜瓣、八角、丁香、花椒、茴香、香叶、草果，爆香。
❺ 注入约900毫升清水，放入汆烫好的牛腱子肉。
❻ 倒入小葱，加入甜面酱、料酒、生抽、老抽、盐、白糖，煮约2分钟至沸腾。
❼ 搅拌均匀，加盖，用小火焖2小时至牛腱子肉熟软入味。
❽ 揭盖，取出焖好的酱牛肉，装盘，稍稍放凉，切片，装盘，放上香菜即可。

川辣红烧牛肉

烹饪时间：30分钟 | 功效：益气补血 | 适合人群：一般人群

原料

卤牛肉200克，土豆100克，大葱30克，干辣椒10克，香叶4克，八角、蒜末、姜片各少许

调料

生抽、老抽、料酒、豆瓣酱、水淀粉、食用油各适量

做法

❶ 将卤牛肉切成小块；洗净的大葱切段；洗好去皮的土豆切大块。❷ 锅注油烧热，倒入土豆，炸半分钟，捞出。❸ 锅底留油烧热，倒入干辣椒、香叶、八角、蒜末、姜片炒香，放入卤牛肉炒匀。❹ 加入适量料酒、豆瓣酱炒香，放入生抽、老抽炒上色，注入适量清水。❺ 盖盖，煮20分钟。❻ 揭盖，倒入土豆、葱段炒匀，用小火续煮5分钟，拣出香叶、八角，倒入水淀粉勾芡即可。

大厨面对面

炸土豆时油温不宜过高，以免炸焦。

豌豆土豆炖牛肉

烹饪时间：38分钟 | 功效：增强免疫力 | 适合人群：一般人群

牛肉250克，黄瓜100克，胡萝卜150克，小土豆120克，西芹、豌豆各30克，香菜、蒜末、姜末各少许

盐、鸡粉各3克，胡椒粉4克，料酒、生抽各10毫升，水淀粉、食用油各适量

❶ 洗净的牛肉切成块；洗净的小土豆去皮；洗净去皮的胡萝卜切成块；洗净的黄瓜切成块；洗净的西芹切片。
❷ 锅中注入适量清水烧开，放入牛肉，淋入适量少许料酒，氽2分钟，捞出。
❸ 锅中注入适量食用油烧热，加入蒜末、姜末爆香，放入牛肉，淋入料酒、生抽，翻炒片刻。
❹ 加入小土豆、胡萝卜、豌豆，炒匀，注入适量清水，加入盐拌匀。
❺ 盖上锅盖，转小火炖30分钟。
❻ 揭盖，倒入西芹、黄瓜，煮5分钟。
❼ 加入鸡粉、胡椒粉拌匀，淋入适量水淀粉勾芡。
❽ 将煮好的菜肴盛出，撒上香菜即可。

大厨面对面　将小土豆、胡萝卜等食材先焯水，可以减少烹饪时间。

番茄炖牛腩

烹饪时间：64分钟 | 功效：开胃消食 | 适合人群：一般人群

原料

牛腩块300克，西红柿250克，胡萝卜70克，洋葱50克，姜片少许

调料

盐3克，鸡粉、白糖各2克，生抽4毫升，料酒5毫升，食用油适量

做法

❶ 将洗净去皮的胡萝卜切块；洗好的洋葱切块；洗净的西红柿切块。
❷ 锅中注水烧开，放入牛腩块，煮去血渍后捞出，沥干水分。
❸ 用油起锅，爆香姜片，倒入洋葱、胡萝卜、牛腩块，炒匀。
❹ 加入料酒、生抽，炒香。
❺ 倒入西红柿丁，炒匀。
❻ 加入清水、盐，煮约1小时。
❼ 放入鸡粉、白糖，拌匀即可。

大厨面对面

切牛腩时应横切，将长纤维切断，而且要切得比较小一点，这样更易入味，也更易嚼烂。

金汤肥牛

烹饪时间：5分钟 | 功效：养心润肺 | 适合人群：女性

原料

熟南瓜300克，肥牛卷200克，朝天椒圈少许

调料

盐、味精、鸡粉、水淀粉、料酒、食用油各适量

做法

❶ 熟南瓜装入碗内，加入少许清水，将南瓜压烂拌匀，滤出南瓜汁备用。
❷ 锅中加入清水烧开，倒入肥牛卷拌匀。
❸ 煮沸后将肥牛卷捞出。
❹ 用油起锅，倒入肥牛卷，加入料酒，炒香，倒入南瓜汁。
❺ 加入盐、味精、鸡粉调味。
❻ 加入水淀粉勾芡，拌匀。
❼ 烧煮约1分钟至入味。
❽ 将煮好的菜肴盛出装盘，用朝天椒点缀即可。

大厨面对面

倒入牛肉卷煮时应注意火候，不要将其煮得过熟，否则牛肉会变老，影响口感。

南瓜清炖牛肉

烹饪时间：122分钟 | 功效：益气补血 | 适合人群：一般人群

原料

牛肉块300克，南瓜块280克，葱段、姜片各少许

调料

盐2克

做法

❶ 砂锅中注入适量清水烧开，倒入洗净切好的南瓜。
❷ 倒入牛肉块、葱段、姜片，搅拌均匀。
❸ 盖上盖，用大火烧开后转小火炖煮约2小时至食材熟透。
❹ 揭开盖，加入盐，拌匀调味，搅拌均匀，用汤勺掠去浮沫，盛出煮好的汤料，装碗即可。

大厨面对面 牛肉烹饪前，可用冷水浸泡两小时，这样既能去除牛肉中的血水，也可去除腥味。

山药白果炖牛肉

烹饪时间：82分钟 | 功效：增强免疫力 | 适合人群：一般人群

原料

水发香菇5克，山药丁30克，熟鸡蛋1个，白果10克，牛肉块200克，熟松子仁5克，红枣8克，雪梨块200克，蒜末少许

调料

盐3克，鸡粉2克，胡椒粉、水淀粉、生抽、料酒各适量

做法

❶ 锅中注入适量清水烧开，倒入洗净的白果。
❷ 略煮一会儿，捞出焯煮好的白果，装盘备用。
❸ 锅中再放入牛肉，淋入料酒，略煮一会儿，汆去血水，捞出汆煮好的牛肉，装入盘中。
❹ 砂锅中注入适量清水烧开，倒入汆过水的牛肉，放入备好的香菇、红枣，淋入适量料酒。
❺ 盖上盖，用大火煮开后转小火煮1小时。
❻ 揭盖，放入备好的山药丁、蒜末，再盖上盖，续煮20分钟。
❼ 熟鸡蛋去壳，再切成小块，待用。
❽ 揭盖，倒入备好的白果、雪梨块，拌匀。
❾ 加入生抽、盐、鸡粉、胡椒粉，倒入水淀粉勾芡。
❿ 关火后盛出炖煮好的菜肴，装入碗中，放上松子仁、鸡蛋即可。

大厨面对面

白果有微毒，先将其焯煮一会儿，以减轻其毒性。

胡萝卜板栗炖羊肉

烹饪时间：60分钟 | 功效：保肝护肾 | 适合人群：一般人群

原料

胡萝卜50克，板栗肉20克，羊肉块80克，香叶、八角、桂皮、葱段、大蒜、姜块各适量

调料

盐3克，生抽6毫升，鸡粉2克，水淀粉4毫升，白酒10毫升，食用油适量

做法

❶ 洗净去皮的胡萝卜切滚刀块；备好的板栗肉对半切开。

❷ 用油起锅，倒入葱段、姜块、大蒜，爆香。

❸ 倒入处理好的羊肉块，翻炒至转色，倒入白酒，翻炒片刻去腥。

❹ 放入八角、桂皮、香叶，翻炒出香味，注入些许清水，煮至微开。

❺ 盖上锅盖，煮开后转中火煮35分钟。

❻ 掀开锅盖，倒入切好的板栗肉、胡萝卜，放入盐、生抽，搅匀调味。

❼ 盖上锅盖，续煮20分钟至入味。

❽ 掀开锅盖，将里面的香料捡出，放入鸡粉、水淀粉，搅拌勾芡，关火后将炖好的菜盛出装入盘中即可。

茄汁豆角焖鸡丁

烹饪时间：2分钟 | 功效：增强免疫力 | 适合人群：一般人群

原料

鸡胸肉270克，豆角180克，西红柿50克，蒜末、葱段各少许

调料

盐、鸡粉、白糖、番茄酱、水淀粉、食用油各适量

做法

❶ 洗好的豆角切成小段；洗净的西红柿切成丁。❷ 洗好的鸡胸肉切丁，加入少许盐、鸡粉、水淀粉，拌匀，注油腌渍约10分钟。❸ 锅中注水烧开，加入少许食用油、盐，倒入豆角，焯煮至断生，捞出。❹ 用油起锅，倒入鸡肉丁，炒至变色，放入蒜末、葱段炒均匀。❺ 倒入豆角炒匀，放入西红柿丁，煮5分钟。❻ 加入番茄酱、白糖、盐，炒匀调味，倒入少许水淀粉翻炒均匀即可。

大厨面对面

豆角要煮熟，否则易导致身体不适。

贵妃白切鸡

烹饪时间：215分钟 | 功效：增强免疫力 | 适合人群：一般人群

原料

鸡肉500克，葱花、姜末各少许，干沙姜5克，甘草3克，八角3个，香叶3片，草果2个，香草3克，猪骨头250克，大葱段15克，洋葱20克，金华火腿30克，虾米15克，水发干贝20克，姜片15克，大蒜20克

调料

盐、鸡粉各3克，生抽10毫升，食用油适量

做法

❶ 金华火腿切条；大蒜用刀拍瘪；洋葱切成粗丝；沸水锅中倒入虾米、干贝，煮片刻捞出；再倒入猪骨头，煮片刻捞出。

❷ 热锅注油烧热，爆香姜片、大蒜、洋葱、大葱段，倒入干沙姜、甘草、八角、香叶、草果、500毫升的清水、香草、金华火腿、猪骨头、虾米、干贝，焖2个小时，加入盐、鸡粉，拌匀，续煮5分钟，将煮好的香妃鸡卤水盛入砂锅中，待用。

❸ 另起锅注水烧开，倒入鸡肉，煮20分钟，捞出放入香妃鸡卤水中，煮10分钟，关火，让鸡肉在卤水中浸泡1小时，切成小块，摆在盘中。

❹ 取一只碗，倒入葱花、姜末；热锅注油烧热，浇在葱花、姜末上，加入生抽，制成调味汁，在食用鸡肉时，蘸上调味汁即可。

大厨面对面

建议将泡发干贝的清水保存下来倒入锅中，这样可以提高鸡肉的鲜味。

土豆炖鸡块

烹饪时间：8分钟 | 功效：增强免疫力 | 适合人群：孕妇

原料

土豆300克，净鸡肉200克，姜片、葱花、蒜末各少许

调料

盐4克，鸡粉3克，老抽3毫升，料酒、生抽、水淀粉、食用油各适量

做法

❶ 去皮洗净的土豆切成丁；洗好的鸡肉斩成块。❷ 将鸡肉块放入碗中，加入少许盐、鸡粉、料酒、生抽、水淀粉、食用油腌渍。❸ 锅中注油烧热，倒入土豆块，炸2分钟，捞出。❹ 锅中倒油烧热，下入姜片、蒜末爆香，放入鸡肉块，炒至转色。❺ 淋入生抽、料酒提味，注入适量清水，倒入土豆块，加入盐、鸡粉、老抽调味，煮沸后用小火炖煮5分钟。❻ 盛入盘中，撒上少许葱花即可。

大厨面对面

炖煮鸡肉时放入少许陈皮或肉桂，可以加速鸡肉的熟烂，味道也更鲜美。

重庆烧鸡公

烹饪时间：12分钟 | 功效：益气补血 | 适合人群：女性

公鸡500克，青椒45克，红椒40克，蒜头40克，葱段、姜片、蒜片、花椒、桂皮、八角、干辣椒各适量

豆瓣酱15克，盐2克，鸡粉2克，生抽8毫升，辣椒油5毫升，花椒油5毫升，食用油适量

❶ 洗净的青椒、红椒均去蒂，切开，去籽，切段；宰杀处理干净的公鸡斩件，斩成小块。
❷ 锅中注入适量清水烧开，倒入鸡块，搅散开，煮至沸，汆去血水。
❸ 把汆过的鸡块捞出，沥干水，待用。
❹ 热锅注油，烧至四成热，倒入八角、桂皮、花椒，放入蒜头，炸出香味。
❺ 倒入鸡块，翻炒均匀。
❻ 加入姜片、蒜片、干辣椒，放入青椒、红椒，翻炒匀。
❼ 加入适量豆瓣酱，炒出香味。
❽ 放入盐、鸡粉、生抽，再淋入辣椒油、花椒油，炒匀调味，盛出装入碗中，放上葱段即成。

可将姜片、蒜片、干辣椒一同爆香，味道更佳。

剁椒焖鸡翅

烹饪时间：15分钟 | 功效：美容养颜 | 适合人群：一般人群

原料

鸡翅350克，剁椒25克，葱段、姜片、蒜末各少许

调料

盐、鸡粉各2克，老抽2毫升，生抽、料酒各5毫升，水淀粉10毫升，食用油少许

做法

❶ 锅中注水煮沸，倒入洗净的鸡翅，掠去浮沫，氽煮约2分钟捞出。❷ 用油起锅，倒入葱段、姜片、蒜末爆香，放入剁椒、氽煮过的鸡翅，炒香。❸ 淋上少许生抽，再加入盐、鸡粉、料酒，炒匀，注入适量清水，煮10分钟。❹ 淋入少许老抽，炒匀调色，用大火收汁，倒入水淀粉，用锅铲翻炒均匀，盛放在盘中，浇上锅中的汤汁即可。

玉米煲老鸭

烹饪时间：190分钟 | 功效：清热解毒 | 适合人群：一般人群

原料

玉米段100克，鸭肉块300克，红枣、枸杞、姜片各少许，高汤适量

调料

鸡粉2克，盐2克

做法

❶ 锅中注水烧开，放入鸭肉块，煮2分钟，氽去血水，捞出后过冷水。❷ 另起锅，注入高汤烧开，加入鸭肉块、玉米段、红枣、姜片，拌匀。❸ 盖上锅盖，炖3小时至食材熟透，揭开锅盖，放入枸杞，拌匀。❹ 加入少许鸡粉、盐，搅拌均匀，煮5分钟，盛出即可。

春笋焖鸭

烹饪时间：23分钟 | 功效：保肝护肾 | 适合人群：男性

原料

光鸭400克，春笋150克，干辣椒段5克，姜片、蒜末、葱白各少许

调料

盐3克，鸡粉2克，辣椒酱15克，料酒5毫升，老抽2毫升，生抽3毫升，水淀粉5毫升，食用油适量

做法

❶ 将洗净的春笋切丁；光鸭斩件，再斩成块。❷ 锅中倒水烧开，放入鸭块拌匀，煮约1分钟，捞出。❸ 锅中倒油烧热，放入干辣椒段、姜片、蒜末、葱白爆香，倒入鸭块炒匀。❹ 淋入适量料酒，炒香，加入适量老抽、生抽、辣椒酱，炒匀，放入春笋，倒入适量清水。❺ 加入适量盐、鸡粉，小火焖20分钟。❻ 倒入适量水淀粉炒匀即可。

大厨面对面 | 在汆煮鸭肉的锅中倒入少许料酒，不仅可以去腥，还能让鸭肉味道更鲜美。

虎皮鹌鹑蛋烧腐竹

烹饪时间：15分钟 | 功效：增强记忆力 | 适合人群：儿童

原料

熟鹌鹑蛋120克，水发腐竹80克，火腿50克，青椒、红椒各30克，蒜末少许

调料

盐、鸡粉各2克，生抽5毫升，老抽3毫升，水淀粉、食用油各适量

做法

❶ 将熟鹌鹑蛋去壳，抹上少许生抽；水发腐竹切成段；火腿切成菱形片；洗净的红椒、青椒去籽，切成菱形片。

❷ 锅中注入适量食用油烧热，放入熟鹌鹑蛋，炸至起虎皮，捞出。

❸ 锅底留油烧热，倒入蒜末爆香，放入火腿片炒出香味，加入青椒、红椒、虎皮鹌鹑蛋、水发腐竹炒片刻。

❹ 注入少许清水，加入盐、生抽、老抽炒匀，焖10分钟，加入鸡粉、水淀粉炒匀即可。

大厨面对面

泡发腐竹要使用冷水，用热水泡发的腐竹容易碎裂。

枸杞鹌鹑蛋醪糟汤

烹饪时间：23分钟｜功效：益智健脑｜适合人群：一般人群

枸杞5克，醪糟100克，熟鹌鹑蛋50克

白糖适量

做法

❶ 锅中注入适量的清水烧开。
❷ 倒入备好的醪糟，搅拌均匀。
❸ 盖上锅盖，烧开后再煮20分钟。
❹ 揭开锅盖，倒入少许白糖，搅拌均匀。
❺ 倒入熟鹌鹑蛋和洗好的枸杞，搅拌片刻，盖上锅盖，煮至食材入味。
❻ 揭开锅盖，搅拌一会儿，关火后将煮好的汤水盛出，装碗即可。

煮好的鹌鹑蛋放在冷水中浸泡一会儿，能更好地去皮。

上汤娃娃菜

烹饪时间：10分钟 | 功效：瘦身排毒 | 适合人群：女性

原料

娃娃菜300克，皮蛋50克，火腿20克，胡萝卜10克，葱末、姜末各5克，蒜末10克

调料

盐3克，鸡粉2克，浓汤宝15克，胡椒粉5克，芝麻油5毫升，水淀粉10毫升，食用油适量

做法

1. 娃娃菜洗净，顺刀切成瓣；去皮的皮蛋切成丁；火腿切成丁；洗净去皮的胡萝卜切成丁。
2. 锅中注水大火烧开，放入娃娃菜焯至断生，捞出，码入盘中。
3. 热锅注入适量食用油，放入葱末、姜末、蒜末爆香，注入适量清水，放入浓汤宝煮至溶化。
4. 放入皮蛋丁、火腿丁、胡萝卜丁煮至熟透。
5. 加入盐、鸡粉、胡椒粉拌匀调味，用水淀粉勾成浓汁。
6. 锅中淋入少许芝麻油拌匀，盛出，浇在码好的娃娃菜上即可。

大厨面对面

娃娃菜煮的时间不宜过长，以免营养流失。

水煮鱼

烹饪时间：30分钟 | 功效：开胃消食 | 适合人群：一般人群

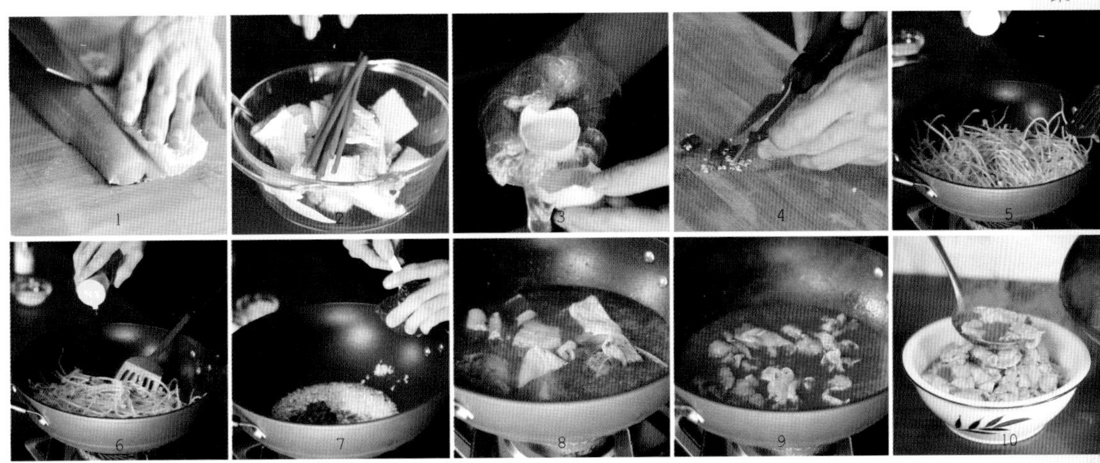

草鱼1条，黄豆芽60克，小葱20克，姜30克，蒜末30克，鸡蛋1个，干辣椒6克，青花椒少许

料酒10毫升，盐3克，鸡粉4克，胡椒粉3克，生粉5克，豆瓣酱30克，花椒油20毫升，白糖15克，生抽5毫升，芝麻油5毫升，食用油适量

做法

❶ 生姜去皮，部分切成片，剩余切成姜末；草鱼横刀切开，顺鱼骨片取鱼腩肉部分，鱼骨切成小段。

❷ 鱼骨撒入适量的盐、姜片，放入适量葱叶、胡椒粉、鸡粉、料酒，抓匀腌渍10分钟。

❸ 鱼肉切片，撒入适量的生粉、胡椒粉、鸡粉、料酒，再打入蛋清，加入食用油腌渍。

❹ 洗净的小葱白切成小段；干辣椒剪成小段。

❺ 锅注油烧热，倒入干辣椒段、蒜末、葱段、黄豆芽，反复煸炒。

❻ 加入少许鸡粉、生抽，翻炒入味，捞出待用。

❼ 热锅注油烧热，放入姜末、蒜末、豆瓣酱、白糖，炒出香味，注入适量清水，煮出汤汁，煮3分钟，将汤汁倒至滤网中，过滤掉料渣。

❽ 将过滤好的汤汁倒至锅中煮沸，放入腌渍好的鱼骨块，盖上盖子，煮2分钟至鱼入味，捞出，放在食材上。

❾ 在汤汁中加入少许的鸡粉、生抽、芝麻油、花椒油，煮出香味，放入鱼片。

❿ 小火煮至鱼片变白，捞出，盛至食材上，淋上汤汁，撒上干辣椒、青花椒、葱段、蒜末；热锅注油烧至七成热，倒在食材上即可。

大厨面对面

鱼片煮的时间不宜太长，以免丢失鱼肉鲜嫩的口感。

酸菜鱼

烹饪时间：25分钟 | 功效：增强免疫力 | 适合人群：一般人群

草鱼500克，酸菜200克，姜、泡小米椒各少许，小葱15克，珠子椒30克，香菜2克，白芝麻少许，花椒2克，蒜瓣、蛋清各适量

盐3克，胡椒粉2克，米醋、料酒、生粉、白糖、食用油各适量

做法

❶ 泡小米椒切成段；洗好的酸菜切成段；洗净的葱切成段；生姜切成菱形片；蒜去皮，切成末。
❷ 鱼身对半片开，将鱼骨与鱼肉分离，鱼骨斩成段，片开鱼腩骨，切成段，装入碗中待用。
❸ 再将鱼肉切成薄片，装入另一个碗中。
❹ 在装有鱼片的碗中加入盐、料酒、蛋清，拌匀。
❺ 再倒入生粉，充分拌搅拌均匀，腌渍3分钟入味。
❻ 热锅注油，放入姜片，爆香，放入鱼骨，炒至香，加入泡小米椒、葱段、酸菜，炒香。
❼ 注入700毫升清水，煮沸，放入珠子椒，续煮3分钟。
❽ 盛出鱼骨和酸菜，汤底留锅中。
❾ 鱼片放入锅中，放入盐、白糖、胡椒粉、米醋，稍稍拌匀后继续煮至鱼肉微微卷起、变色，捞入碗中，加入蒜末、花椒、白芝麻。
❿ 另起锅注入少许油烧热，舀出浇入碗中，放入香菜即可。

大厨面对面

鱼片易碎，所以将鱼片放入汤中时宜用筷子轻轻拨散，不要用力翻炒，鱼片煮变色即可，不可煮久，否则肉质会变老。

鱼头豆腐汤

烹饪时间：14分钟｜功效：益气补血｜适合人群：一般人群

原料

鱼头350克，豆腐200克，姜片、葱段、香菜叶各少许

调料

盐、胡椒粉各2克，鸡粉3克，料酒5毫升，食用油适量

做法

❶ 洗净的豆腐切块。❷ 用油起锅，放入姜片，爆香，倒入鱼头，炒匀。❸ 加入料酒，拌匀，注入适量清水，倒入豆腐块。❹ 大火煮约12分钟至汤汁呈奶白色。❺ 加入盐、鸡粉、胡椒粉，拌匀。❻ 放入葱段，拌匀，稍煮片刻至入味，关火后盛出煮好的汤，装入碗中，放上香菜叶即可。

大厨面对面

鱼头和豆腐下锅后一定要待汤汁呈奶白色后再加入调料，这样可保持汤的原汁原味。

白萝卜烧鲳鱼

烹饪时间：14分钟 | 功效：开胃消食 | 适合人群：一般人群

原料

鲳鱼1条，白萝卜80克，大蒜3瓣，葱段少许

调料

盐3克，鸡粉2克，料酒5毫升，水淀粉4毫升，生抽4毫升，老抽2毫升，食用油适量

做法

❶ 处理干净的鲳鱼两面切上十字花刀；洗净去皮的白萝卜对半切开，再切成片；去皮的大蒜切成片。

❷ 锅中倒入适量食用油，烧至六成热，倒入鲳鱼，略微搅动，炸至起皮，将炸好的鲳鱼捞出，沥干油，待用。

❸ 锅底留油，倒入蒜片、葱段，爆香，放入备好的白萝卜，翻炒均匀，淋入少许料酒，炒匀提味，注入适量清水，加入盐、生抽、老抽。

❹ 放入鲳鱼，煮10分钟至其上色，再放入少许鸡粉、水淀粉搅拌匀，至汤汁浓稠即可。

大厨面对面

白萝卜片可出锅前再放，味道会保留的更好。

红烧草鱼段

烹饪时间：4分钟 | 功效：保肝护肾 | 适合人群：男性

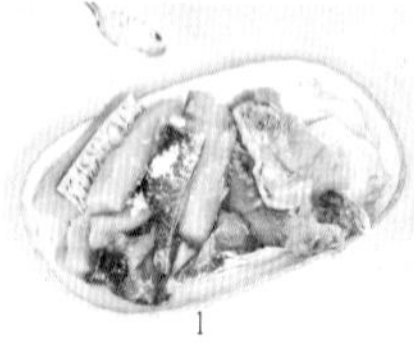

原料

草鱼350克，红椒15克，姜片、蒜末、葱白各少许

调料

盐3克，白糖3克，豆瓣酱10克，料酒4毫升，生抽4毫升，鸡粉、老抽、味精、生粉、水淀粉、食用油各适量

做法

❶ 将洗净的红椒去籽切块；处理干净的草鱼切下鱼头，鱼身斩成块，加入适量盐、鸡粉、少许生抽、生粉，腌渍10分钟。

❷ 热锅注油，烧至五成热，放入鱼块，搅匀，炸约2分钟至熟，捞出沥油。

❸ 锅底留油，倒入姜片、蒜末、葱白、红椒爆香，淋入少许料酒，倒入适量清水，加入生抽、老抽、盐、味精。

❹ 再加入适量白糖、豆瓣酱，拌炒匀，倒入炸好的鱼块，煮约2分钟，用少许水淀粉炒至入味即可。

大厨面对面

在煮制草鱼的过程中，要尽量减少翻动，这样鱼块不容易碎。

豆瓣鲫鱼

烹饪时间：14分钟 | 功效：开胃消食 | 适合人群：女性

原料

鲫鱼300克，姜丝、蒜末、干辣椒段、葱段各少许

调料

豆瓣酱30克，盐2克，料酒、胡椒粉、生粉、芝麻油、味精、蚝油、食用油各适量

做法

❶ 在处理干净的鲫鱼两侧切上一字花刀。❷ 鲫鱼放入盘中，撒上味精、料酒、生粉抹匀，腌渍入味。❸ 锅中倒油烧热，放入鲫鱼，炸至皮酥，捞出。❹ 油锅烧热，倒入姜丝、蒜末、干辣椒炒香，倒入豆瓣酱和清水，再放入鲫鱼，拌匀。❺ 加入盐、味精、蚝油，盖上锅盖，用小火煮至入味，盛入盘中，留汤汁。❻ 待汤汁烧热，撒上胡椒粉、葱段、芝麻油炒匀，浇在鱼身上即成。

大厨面对面　将鲫鱼处理干净后，放入盆中，再倒入少许黄酒，不仅能除去鱼的腥味，还能使鱼肉滋味鲜美。

豆腐烧鲈鱼

烹饪时间：7分钟 | 功效：清热解毒 | 适合人群：一般人群

原料

豆腐200克，鲈鱼700克，干辣椒10克，黑芝麻10克，香菜、蒜片、姜片、葱段各少许

调料

盐3克，鸡粉2克，水淀粉4毫升，料酒6毫升，生抽4毫升，食用油适量

做法

❶ 洗净的豆腐切厚片，再切成块；处理好的鲈鱼切段，但不能断开。
❷ 热锅注油烧热，倒入鲈鱼，煎制片刻。
❸ 倒入干辣椒、姜片、葱段、蒜片，爆香。
❹ 倒入适量料酒、生抽，注入适量清水。
❺ 加入豆腐、盐，搅匀煮至沸。
❻ 盖上锅盖，小火焖5分钟至熟透。
❼ 掀开锅盖，加入少许盐、鸡粉，搅匀调味。
❽ 倒入些许水淀粉，搅匀勾芡，将煮好的鱼盛出，装入盘中，撒上黑芝麻、香菜即可。

搅拌豆腐时力道不宜过大，以免搅碎了。

油焖大虾

烹饪时间：15分钟 | 功效：增强免疫力 | 适合人群：一般人群

小龙虾500克，八角2个，香叶2片，花椒粒2克，白蔻5颗，桂皮、丁香各少许，干辣椒5克，葱段、香菜、姜片、蒜末各少许

豆瓣酱15克，盐、鸡粉、白糖各3克，老抽3毫升，食用油适量，白酒、生抽、水淀粉各5毫升

❶ 往小龙虾中注入500毫升的清水、盐，拌匀，浸泡30分钟，捞出。

❷ 热锅注油烧热，倒入姜片、葱段，爆香，倒入八角、桂皮、白蔻、丁香、花椒粒、干辣椒、蒜末，炒香。

❸ 倒入小龙虾、豆瓣酱，炒匀，加入白酒，炒香，加入生抽，注入200毫升的清水，煮沸。

❹ 加入盐、白糖、老抽，拌匀入味，加盖，转小火焖10分钟，加入鸡粉、水淀粉，充分拌匀，收汁入味，盛入石锅中，撒上香菜即可。

大厨面对面

小龙虾在翻炒前，还可以滑一下油，这样能使小龙虾的口感更鲜脆。

鲜虾豆腐煲

烹饪时间：43分钟 | 功效：开胃消食 | 适合人群：男性

豆腐160克，虾仁65克，上海青85克，咸肉75克，干贝25克，姜片、葱段各少许，高汤350毫升

盐2克，鸡粉少许，料酒5毫升

❶ 将洗净的虾仁切开，去除虾线；洗好的上海青切开，再切小瓣。
❷ 洗净的豆腐切开，改切成小块；洗好的咸肉切薄片。
❸ 锅中注入适量清水烧开，倒入切好的上海青，拌匀，煮至断生，捞出材料，沥干水分。
❹ 沸水锅中再倒入咸肉片，淋入少许料酒，煮约1分钟，去除多余盐分，捞出肉片，沥干水分，待用。
❺ 砂锅置火上，倒入备好的高汤，放入洗净的干贝。
❻ 倒入汆过水的咸肉片，撒上姜片、葱段，淋入少许料酒。
❼ 盖上盖，烧开后用小火煮约30分钟，至食材变软。
❽ 揭盖，加入少许盐、鸡粉，拌匀调味，倒入切好的虾仁，放入豆腐块，拌匀。
❾ 再盖上盖，用小火续煮约10分钟，至食材熟透。
❿ 关火后揭盖，搅拌均匀，放入焯熟的上海青，端下砂锅即成。

大厨面对面

制作咸肉时最好加入少许料酒，这样肉质的色泽更亮丽。

墨鱼花炖肉

烹饪时间：8分钟 | 功效：增强免疫力 | 适合人群：一般人群

原料

五花肉150克，墨鱼150克，八角2个，姜片、葱段各少许

调料

盐、鸡粉各3克，水淀粉、料酒、生抽各5毫升，食用油适量

做法

❶ 宰杀好的墨鱼须切段，在表面划上“十”字花刀，再切块；五花肉切成片。❷ 沸水锅中倒入墨鱼，汆煮至转色，捞出。❸ 锅注油烧热，倒入五花肉，炒至稍微转色，倒入八角、葱段、姜片爆香。❹ 加入料酒、生抽，炒拌至入味，注入适量清水，加入盐，焖5分钟。❺ 放入墨鱼拌匀，加入鸡粉炒匀。❻ 再次注入少许清水，加入水淀粉拌匀即可。

大厨面对面

墨鱼汆水的时候可以加入适量的料酒，这样可以去除墨鱼的腥味。

Part 3

煎炸出香酥脆嫩

吃惯山珍海味，吃遍大江南北，有时候觉得还是寻常百姓家里的菜最有味道！这些最为简单的食材、最为简单的搭配，会带我们寻找到久违的餐桌上的温暖。油，是映衬色泽最好的介质，煎炸出来的食品通常是金光闪闪，引人垂涎。但煎炸食品往往含油脂量大，并且在烹饪中易分解产生多种不利于人体健康的物质，又引得人们望而却步。翻开本章节，教会你如何烹饪出美味又健康的煎炸食物。

如何让食材煎炸后更嫩

当你在烹调菜肴的时候，是否想过为什么别人煎的肉饼总要比你煎得嫩？炸鱼块为什么会给人外脆里香的鲜嫩感觉？其实这一切都与水有关。

菜梗饱满、叶片碧绿的青菜就鲜嫩适口，因其含水分多；鱼之所以比瘦肉嫩，是因为鱼含水分多。烹调也一样，菜的老嫩（尤其是荤菜），就看成熟后原料含水分多少，水分越多菜肴越嫩。

我们一般是采用“上浆”的方法来保存原料内部水分的。

上浆

“上浆”就是在片、丁、丝等细小的荤料外表包裹上一层由淀粉和鸡蛋调成的浆糊。如用250克肉丝，可依次在肉丝中放入10克酒、5克盐、1克味精、1个鸡蛋、20克淀粉，搅拌至肉丝表面有一层透明薄膜状的糊浆为好，将肉丝放到120℃左右的油锅里，迅速滑散，待肉丝变色，即可捞出待用。

这样，淀粉受热凝结，隔断了肉丝内部水分流失的通道。

菜肴含水分多就鲜嫩，脱去水分就香脆，根据这个道理，我们可以做出香脆和鲜嫩集于一体的菜肴来，炸鱼块、桂花肉等菜就是这样做的。

先将鱼块或肉片裹上糊浆，因油炸时温度通常在150℃~180℃，所以淀粉浆衣就应该厚一点。250克鱼块可用淀粉60克。裹上糊浆的原料入油锅后，表面受热高于100℃，水分迅速气化，结成一层发脆的外壳，而内部的水分受糊壳保护未受损失，菜肴就变得外脆里嫩了。

原料裹上糊浆，在减少内部水分流失的同时，原料的各种营养成分也得到了保护。因此，既滑嫩又富有营养。

让煎炸制品更健康

吃，是我们每天都要面对的事情，要吃就离不开煎、炒、烹、炸。煎、炸里的学问大，做对了、吃对了，才有利于健康，保证营养。

怎么制作会更健康

煎时用中火 煎时要注意两面煎，使原料均匀受热，还要常用慢火，油量不宜没过主料。适宜用平底锅类烹调炊具。煎的时候油温不高，一般低于炸制温度，营养损失也比较少。

油炸要挂糊 炸的用油量比较多，温度也较高，一般能达到180℃以上，很容易造成食品中维生素、蛋白质的丧失。把原料“挂”一下糊，营养的损失就会减少很多。挂糊和上浆的道理是一样的，只不过糊的含水量要比浆少，这样炸出来的食品，不仅营养损失少，口感还好。

控制油温 煎、炸时温度控制在160℃～180℃比较理想，可以减少食物营养流失，此时冒油烟很少，食物丢进去后会大量起泡，但不会马上变色。如果已经大量冒烟，或者食物变色太快，说明温度过高了。

怎么吃才更健康

清理油杂质后再吃

煎炸食物时，经常会有小渣滓或碎屑留在锅里，它们经过长时间反复煎炸，会发黑变煳，产生很多有害物质，一旦附着在食物表面，被食用后会危害健康。因此，食用油炸食物要及时捞出油里的杂质，以免吃下有害物质。

搭配绿叶菜一起吃

吃煎炸食物时，要把量控制好。如果一餐中有一道菜是油炸的，其他菜就要清淡少油，最好是凉拌菜、蒸菜、炖菜等。绿叶菜中含大量叶绿素和抗氧化物质，可以在一定程度上降低油炸食物中致癌物的致突变作用。

蜂蜜芥末酱配薯条

烹饪时间：210分钟 | 功效：增强免疫力 | 适合人群：一般人群

原料

土豆200克，鲜迷迭香、干迷迭香、淡奶油各适量

调料

法式黄芥末酱30克，蜂蜜、食用油各适量

做法

❶ 洗净去皮的土豆切成粗条。

❷ 锅中注入适量清水烧开，淋入适量淡奶油，放入切好的土豆条，煮至断生，捞出，沥干水分，放入冰箱中冷冻3小时。

❸ 锅中注入适量食用油，烧至八成热，放入土豆条，炸至土豆条呈金黄色，捞出，装入碗中，撒上少许干迷迭香。

❹ 将法式黄芥末酱和蜂蜜拌匀，淋在薯条上，撒上鲜迷迭香即可。

大厨面对面

煮好的土豆可先用厨房用纸吸干表面水分再冷冻，口感会更好。

椒盐脆皮小土豆

烹饪时间：12分钟 | 功效：瘦身排毒 | 适合人群：女性

原料

小土豆350克，蒜末、辣椒粉、葱花、五香粉各少许

调料

盐2克，鸡粉2克，辣椒油6毫升，食用油适量

做法

❶ 热锅注油，烧至六成热，放入去皮洗净的小土豆搅拌匀，用小火炸约7分钟，至其熟透。
❷ 把炸好的土豆捞出，沥干油，待用。
❸ 锅底留油，放入蒜末，爆香，倒入炸好的小土豆，加入五香粉、辣椒粉、葱花，炒香。
❹ 放入适量盐、鸡粉，淋入辣椒油快速炒匀调味，关火后将锅中的食材盛出，装入盘中即可。

大厨面对面

炸土豆时油温不宜过高，以免炸焦。

蔬菜天妇罗

烹饪时间：5分钟 | 功效：增强免疫力 | 适合人群：一般人群

原料

杏鲍菇、四季豆、去皮胡萝卜、洋葱各50克

调料

盐2克，天妇罗粉10克，椰子油、低筋面粉各适量

做法

❶ 胡萝卜切圆片；洗净的四季豆去尖，切成两段；洗好的杏鲍菇切厚片，切成两段；洗净的洋葱剥散，对半切开。❷ 低筋面粉中倒入天妇罗粉、盐、清水搅拌成面糊。❸ 锅中倒入椰子油烧热，将杏鲍菇倒入面糊中裹匀，放入油锅中。❹ 面糊中继续放入胡萝卜片裹匀，放入油锅中，油炸半分钟，捞出，装盘。❺ 面糊中放入四季豆、洋葱，放入油锅中，油炸2分钟。❻ 将炸好的食材捞出，放在杏鲍菇和胡萝卜片上即可。

大厨面对面

油烧热至冒出小泡即表示油温达到要求。

萝卜素丸子

烹饪时间：10分钟｜功效：增强免疫力｜适合人群：一般人群

原料

白萝卜400克，鸡蛋1个，面粉、葱花各适量

调料

盐3克，食用油适量

做法

❶ 洗净的白萝卜去皮，擦成细丝，挤去水分，放入容器中。

❷ 把鸡蛋打入碗中，倒入面粉、盐搅拌均匀，制成黏稠的面糊。

❸ 将白萝卜倒入面糊中，搅拌均匀。

❹ 锅中注入适量食用油烧热，将萝卜面糊挤成丸子，放入油锅中，炸至萝卜丸子表面呈金黄色，捞出，沥干油。

❺ 将丸子盛入碗中，撒上葱花即可。

大厨面对面

油炸时最好使用中小火，这样炸出的萝卜丸子外酥里嫩、色泽金黄。

拔丝红薯

烹饪时间：4分钟 | 功效：防癌抗癌 | 适合人群：女性

原料

红薯300克，白芝麻6克

调料

白糖100克，食用油适量

做法

❶ 将去皮洗净的红薯切成块。
❷ 热锅注油，烧至五成熟，倒入红薯，拌匀，慢火炸约2分钟至熟透。
❸ 将炸好的红薯捞出。
❹ 锅底留油，加入白糖，炒片刻。
❺ 加入约100毫升清水。
❻ 改用小火，不断搅拌，至白糖溶化，熬成暗红色糖浆。
❼ 倒入炸好的红薯。
❽ 快速拌匀。
❾ 再撒入白芝麻，拌匀。
❿ 起锅，将炒好的红薯盛入盘中即可。

大厨面对面

红薯块要沥干水分后再下锅，以免溅油，白糖要炒至起泡再倒入红薯块，才可以使糖液均匀包裹红薯。

炸红薯丸子

烹饪时间：8分钟 | 功效：增强免疫力 | 适合人群：一般人群

熟红薯280克，面粉65克

白糖20克，食用油适量

❶ 将熟红薯放入保鲜袋中，用擀面杖将红薯擀成红薯泥。

❷ 将红薯泥放入备好的碗中，放入白糖，注入适量清水搅拌均匀。

❸ 加入面粉，搅拌成红薯泥面团。

❹ 戴上手套，将面团捏出一个个“球状”，待用。

❺ 热锅注油，烧至七成熟。

❻ 将红薯球放入油锅中，炸熟。

❼ 将红薯球炸至焦黄色，捞起。

❽ 放入备好的盘中即可。

大厨面对面

面粉不宜多放，要不丸子会发硬，影响口感。

爆素鳝丝

烹饪时间：5分钟 | 功效：开胃消食 | 适合人群：一般人群

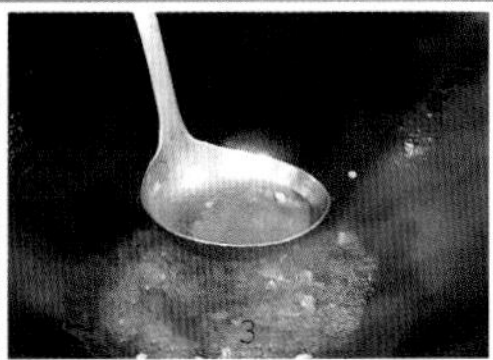

原料

水发香菇165克，蒜末少许

调料

盐、鸡粉各2克，生抽4毫升，陈醋6毫升，生粉、水淀粉、食用油各适量

做法

❶ 将洗净的香菇剪开，呈长条形，修成鳝鱼的形状，加入少许盐，拌匀，淋入适量水淀粉，搅拌一会儿，再滚上适量生粉，制成素鳝丝生胚，待用。

❷ 热锅注油，烧至四成热，放入生胚，慢慢搅动，用中小火炸约2分钟，至材料熟透，关火后捞出食材，沥干油，待用。

❸ 用油起锅，放入备好的蒜末，爆香，注入适量清水，加入少许盐、鸡粉、生抽，淋上少许陈醋，拌匀，用水淀粉勾芡，调成味汁，待用。

❹ 取一个盘子，放入炸熟的素鳝丝，浇上锅中的味汁即成。

大厨面对面

调味汁时可滴入几滴芝麻油，这样菜肴的香味更浓。

香脆金针菇

烹饪时间：10分钟 | 功效：开胃消食 | 适合人群：一般人群

金针菇200克，青柠檬1个，胡萝卜50克，鸡蛋1个，面粉、海苔各适量

椒盐粉、食用油各适量

❶ 洗净的青柠檬、胡萝卜均切成半月片；洗净的金针菇撕散；海苔剪成条；鸡蛋搅散，倒入适量面粉，调成糊状。

❷ 用海苔将适量金针菇卷起，即成金针菇卷，放入面糊中滚一圈，放入盘中，撒上少许面粉。

❸ 锅中注油烧热，放入金针菇卷，炸至酥脆，捞出。

❹ 将切好的青柠檬、胡萝卜摆入盘中，再放入金针菇卷，撒上少许椒盐粉即可。

可将金针菇的根去掉。

盐酥杏鲍菇

烹饪时间：6分钟 | 功效：防癌抗癌 | 适合人群：一般人群

杏鲍菇200克，红辣椒2个，蒜5瓣，葱花适量，低筋面粉40克，玉米粉20克，蛋黄1个

盐、食用油各适量

❶ 洗净的杏鲍菇切小块；洗净的红辣椒、蒜均切末；低筋面粉与玉米粉拌匀，加入冰水后迅速拌匀，再加入蛋黄后拌匀，即成面糊，备用。

❷ 把杏鲍菇倒入面糊中，均匀地裹上面糊，备用。

❸ 烧热油锅，放入杏鲍菇，大火炸约1分钟至表皮酥脆，捞出，沥油备用。

❹ 锅中留少许油，放入葱花、蒜末、红辣椒末爆香，放入炸好的杏鲍菇、盐拌匀即可。

大厨面对面

炸杏鲍菇的时候注意表皮炸至金黄时要及时捞出，以免炸过头。

茭白秋葵豆皮卷

烹饪时间：5分钟 | 功效：开胃消食 | 适合人群：一般人群

原料

豆皮160克，秋葵55克，火腿肠1根，茭白45克，脆炸粉、面包糠各适量

调料

盐2克，鸡粉少许，水淀粉、食用油各适量

做法

❶ 将洗净的豆皮划成长方块；洗好的秋葵切成粗丝。
❷ 火腿肠去除外包装，切成粗丝；去皮洗净的茭白切成粗丝。
❸ 把脆炸粉装碗中，注入适量温水拌匀，调成粉糊，待用。
❹ 用油起锅，倒入茭白丝炒至其变软，放入秋葵和火腿肠炒匀，注入适量清水炒匀。
❺ 加入少许鸡粉、盐炒匀调味，用水淀粉勾芡，至食材入味，盛出，制成酱菜。
❻ 取一张切好的豆皮，铺开，盛入适量酱菜，卷成卷儿，用少许粉糊封口，包紧。
❼ 依次做完余下的豆皮和酱菜，制成生胚。
❽ 再依次滚上部分粉糊和面包糠，制成豆皮卷，待用。
❾ 锅注油，烧至四五成热，放入豆皮卷轻轻搅拌匀，用小火炸约2分钟，捞出。
❿ 取一盘，放入炸熟的豆皮卷，摆好盘即成。

大厨面对面

调粉糊时可加入少许蛋清，这样封口时黏性更好，生胚的形状更稳固。

酸甜脆皮豆腐

烹饪时间：3分钟 | 功效：益气补血 | 适合人群：一般人群

原料

豆腐250克，生粉20克，酸梅酱适量

调料

白糖3克，食用油适量

做法

❶ 将洗净的豆腐切开，再切长方块，滚上一层生粉，制成豆腐生坯，待用。

❷ 取酸梅酱，加入适量白糖，拌匀，调成味汁，待用。

❸ 热锅注油，烧至四五成热，放入豆腐，轻轻搅匀，用中小火炸约2分钟，至食材熟透。

❹ 关火后捞出豆腐块，沥干油，装入盘中，浇上味汁即可。

大厨面对面　豆腐滚上生粉前可先裹上一层蛋液，这样菜肴的口感会更香脆。

炸金条

烹饪时间：4分钟 | 功效：益气补血 | 适合人群：一般人群

豆腐500克，鸡蛋2个，面包糠200克，生粉150克，黑芝麻5克，番茄酱10克，罗勒叶少量

盐3克，食用油适量

❶ 洗好的豆腐切成粗条。
❷ 取一碗，打入鸡蛋，搅散。
❸ 锅中注入适量清水烧开，加入盐，倒入豆腐，焯煮片刻。
❹ 将焯煮好的豆腐捞出，装入盘中待用。
❺ 将豆腐黏上生粉、鸡蛋液、面包糠、黑芝麻，待用。
❻ 热锅注油，烧至四成热，放入豆腐。
❼ 油炸约2分钟至豆腐呈金黄色。
❽ 将炸好的豆腐捞出，装入盘中，放上几片罗勒叶，旁边放上番茄酱即可。

豆腐加盐焯水能够去除豆腥味，而且不容易碎。

家常香煎豆腐

烹饪时间：4分钟 | 功效：降低血脂 | 适合人群：老年人

原料

豆腐240克，熟白芝麻20克，辣椒粉12克，蒜末、葱花各少许

调料

盐3克，鸡粉2克，白糖少许，芝麻油、食用油各适量

做法

❶ 将洗净的豆腐切厚片。❷ 用油起锅，放入豆腐片，煎出香味。❸ 翻转豆腐片，煎至两面焦黄，撒上蒜末，爆香。❹ 撒上盐，拌匀，放入辣椒粉，略煎一会儿，注入少许清水。❺ 大火煮沸，加入鸡粉、白糖，撒上葱花、熟白芝麻。❻ 滴上芝麻油，再煎煮一会儿，至食材熟透，盛入盘中，摆好盘即可。

大厨面对面

出锅前可淋上少许芝麻油，味道会更香辣可口。

锅塌豆腐

烹饪时间：15分钟 | 功效：养胃 | 适合人群：儿童、老人

原料

豆腐300克，鸡蛋1个，葱花、姜末、生菜叶、高汤各少许

调料

料酒5毫升，盐2克，生抽、生粉、食用油各适量

做法

❶ 将洗净的豆腐切厚片，再切成块；鸡蛋打入碗中，搅散。

❷ 锅中注水烧开，加入少许盐，放入豆腐块，煮2分钟，捞出，将豆腐蘸上蛋液，再滚上一层生粉，备用。

❸ 煎锅中注入适量食用油烧热，倒入豆腐块，用小火煎出焦香味，翻转豆腐块，用小火再煎一会儿，取出。

❹ 另起锅，注油烧热，倒入姜末爆香，淋入料酒、高汤，加入盐、生抽、豆腐，稍微煎煮片刻.

❺ 盛入垫上生菜叶的盘中，撒上葱花即成。

大厨面对面

也可用嫩豆腐制作此菜，口感更加软嫩。

椰子油炸牛油果

烹饪时间：3分钟 | 功效：美容养颜 | 适合人群：一般人群

原料

白芝麻15克，柠檬100克，牛油果1个，低筋面粉40克

调料

生粉10克，盐2克，椰子油500毫升

做法

❶ 洗净的牛油果对半切开，去皮，去核，切粗条。
❷ 低筋面粉中倒入生粉，加入1克盐，倒入清水，搅拌均匀成面糊。
❸ 将牛油果放入面糊中，裹匀，黏上白芝麻。
❹ 将处理完毕的牛油果装盘，待用。
❺ 锅置火上，倒入椰子油，烧至六成热。
❻ 转小火，放入裹上面糊和白芝麻的牛油果。
❼ 油炸1分钟至外表金黄。
❽ 将炸好的牛油果装盘。
❾ 撒上1克盐。
❿ 挤入少许柠檬汁即可。

大厨面对面

炸好的牛油果可用厨房纸吸走多余油分，减少油腻感。

夹沙香蕉

烹饪时间：2分钟 | 功效：美容养颜 | 适合人群：一般人群

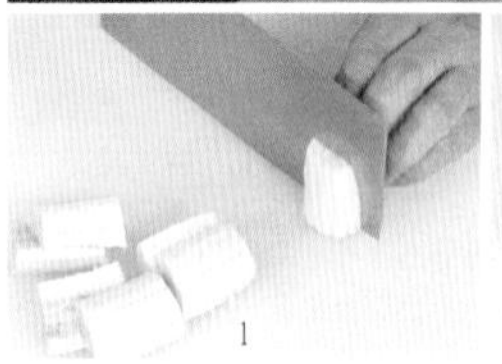

1

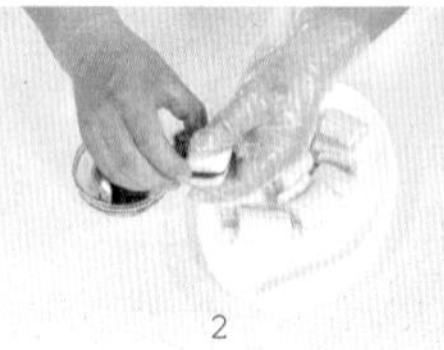

2

3

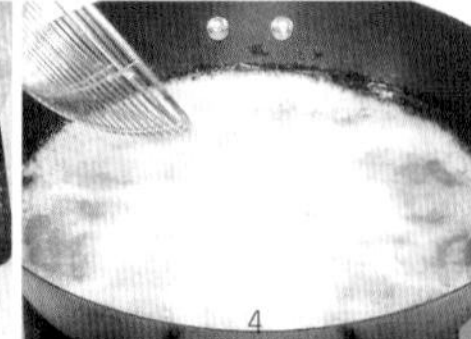

4

原料

香蕉2根，豆沙100克，生粉30克

调料

食用油适量

做法

❶ 香蕉去皮，切小段，修整头尾成圆柱体，对半切开。

❷ 取适量豆沙抹在一块切好的香蕉上，放上另一块香蕉，制成夹心状。

❸ 取大盘，倒入生粉，放入夹心香蕉生胚，裹匀，装盘。

❹ 热锅中注入足量油，烧至五成热，放入裹上生粉的夹心香蕉，油炸1分钟至外表金黄且酥脆，关火后捞出炸好的夹心香蕉，沥干油分，摆盘即可。

大厨面对面

香蕉易氧化，制作速度要快。

日式炸猪排

烹饪时间：8分钟 | 功效：增强免疫力 | 适合人群：一般人群

原料

里脊肉350克，鸡蛋100克，生菜130克，面包糠60克，玉米淀粉60克

调料

盐3克，桔子酱25克，沙拉酱20克，日式酱油15毫升，食用油适量

做法

❶ 洗净的生菜切丝；洗净的里脊肉切片，撒上盐。❷ 准备一个碗，打入鸡蛋，搅散成蛋液，备用。❸ 将一片肉片沾取玉米淀粉，两面沾匀。❹ 裹匀蛋液后再裹匀面包糠，余下肉片依此操作，装盘待用。❺ 锅中倒油，烧至六成热，放入肉片，小火炸3分钟，捞出装盘。❻ 在盘子的一边放上生菜丝，准备3个小碟子，分别倒入桔子酱、沙拉酱和日式酱油，猪排佐以生菜丝、蘸料食用。

大厨面对面 | 用刀背将肉片来回敲敲，打断它的“筋脉”，这样可以让肉吃起来更加的嫩。

金黄猪肉三色卷

烹饪时间：4分钟 | 功效：清热解毒 | 适合人群：一般人群

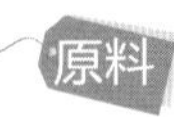

原料

瘦肉片130克，红椒50克，黄瓜85克，杏鲍菇65克，蛋液70克，生粉75克，面包糠100克

调料

盐2克，料酒5毫升，沙姜粉2克，生抽5毫升，食用油适量

做法

❶ 瘦肉片装于碗中，放入盐、料酒、沙姜粉、生抽，拌匀。
❷ 洗净的红椒切开，去籽，切成条；洗净的黄瓜切成粗条，待用。
❸ 处理好的杏鲍菇切成片，再切条。
❹ 将肉片铺平，放入杏鲍菇、黄瓜、红椒，将肉片卷起来。
❺ 将剩余的食材依次制成肉卷。
❻ 将肉卷依次裹上生粉、蛋液、面包糠。
❼ 热锅中注入食用油，烧至六成热。
❽ 倒入肉卷，搅拌，油炸至金黄色。
❾ 将肉卷捞出，沥干油分。
❿ 将肉卷切成均匀的小段，装入盘中即可。

大厨面对面

炸肉卷时油温不易过高，以免炸焦。

牙签肉

烹饪时间：5分钟 | 功效：增强免疫力 | 适合人群：一般人群

原料

猪里脊肉180克，辣椒粉、孜然粉、白芝麻各8克，姜末10克，洋葱丁20克，香菜适量

调料

盐、鸡粉各2克，蚝油3克，生抽、料酒、水淀粉各3毫升，辣椒油、食用油各适量

做法

❶ 洗净的猪里脊肉切厚片，切粗条，切丁。
❷ 切好的猪肉丁装碗，加入盐、鸡粉、生抽、蚝油、料酒，将猪肉丁拌匀。
❸ 倒入辣椒粉、孜然粉，再次拌匀。
❹ 加入水淀粉，拌匀，倒入辣椒油，拌匀，腌渍10分钟至入味。
❺ 将腌好的猪肉丁一一用牙签穿起，装盘。
❻ 锅中注入足量油，烧至六成热，放入穿好的牙签肉，油炸3分钟至八成熟，捞出炸好的牙签肉，沥干油分，装盘。
❼ 另起锅注油烧热，放入洋葱丁、姜末、白芝麻，炒出香味，放入炸好的牙签肉，翻炒数下至熟透且入味。
❽ 取空盘，放入洗净的香菜，放入炒好的牙签肉即可。

糖醋里脊

烹饪时间：5分钟 | 功效：增强免疫力 | 适合人群：一般人群

原料

猪里脊肉300克，鸡蛋1个，生粉50克

调料

盐3克，白糖30克，白醋10毫升，番茄酱30克，食用油适量

做法

❶ 猪里脊肉切条。
❷ 鸡蛋打散，倒入生粉搅拌均匀，加入适量食用油，放入猪里脊肉，搅拌均匀，腌渍片刻。
❸ 放入盐、白糖、白醋、番茄酱、清水，拌成酱汁。
❹ 锅注食用油烧热，放入猪里脊肉，炸1分钟左右，捞出。
❺ 待油温再次升高，将猪里脊肉再次放入油锅中，复炸一遍至酥脆，捞出装盘。
❻ 锅底留油，加入酱汁拌匀，煮至汁浓稠，倒入猪里脊肉拌匀，装盘即可。

大厨面对面

猪里脊肉切成丁口感更佳。

椒盐排骨

烹饪时间：6分钟 | 功效：增强免疫力 | 适合人群：儿童

1

2

3

4

原料

排骨500克，红椒15克，蒜末、葱花各少许

调料

料酒8毫升，嫩肉粉1克，生抽2毫升，吉士粉2克，面粉15克，味椒盐2克，鸡粉3克，盐、食用油各少许

做法

❶ 将洗净的排骨斩成4厘米长的段；将洗净的红椒去掉籽，切成粒。

❷ 把排骨段装入碗中，加入嫩肉粉、盐和鸡粉，淋入适量生抽、料酒，拌匀，加入吉士粉，拌匀，再加入面粉拌匀，腌渍10分钟。

❸ 热锅注油，烧至五成热，放入排骨，用锅铲搅拌，炸约3.5分钟，把炸熟透的排骨捞出，备用。

❹ 锅留底油，倒入蒜末、红椒粒、葱花，炒出香味，放入排骨、料酒、味椒盐和鸡粉，拌匀，盛出装盘即可。

大厨面对面

在制作酥炸菜肴时，加入大量的吉士粉，可以增加菜肴的色泽和松脆感，但奶香味和果香味会掩盖原料的本味，所以加入吉士粉要适量。

黄金炸排骨

烹饪时间：12分钟 | 功效：强身健体 | 适合人群：一般人群

原料

排骨250克，红椒20克，葱丝少许，蛋液70克，生粉75克，面包糠100克

调料

盐2克，料酒5毫升，食用油适量

做法

❶ 排骨装于碗中，放入盐、料酒拌匀；洗净的红椒切开，去籽，切成丝。

❷ 将排骨依次裹上生粉、蛋液、面包糠。

❸ 热锅中注入食用油，烧至六成热，倒入排骨，搅拌，油炸至呈金黄色。

❹ 将排骨捞出，沥干油分，装入盘中，放上红椒丝、葱丝即可。

大厨面对面

也可以用花椒粉、胡椒粉、生抽、鸡粉等腌渍排骨，风味更佳。

煎牛扒

烹饪时间：14分钟 | 功效：增强免疫力 | 适合人群：一般人群

原料

牛里脊肉200克，胡萝卜、豌豆各50克，小土豆70克，约克郡布丁1个，蒜末少许

调料

盐3克，生粉6克，黑胡椒碎8克，橄榄油适量

做法

❶ 将牛里脊肉洗净切片，加盐、黑胡椒碎、蒜末、生粉拌匀，淋入橄榄油，腌渍15分钟。
❷ 洗净去皮的小土豆切厚片；洗净的胡萝卜切成片。
❸ 锅中注入适量清水烧开，倒入豌豆、胡萝卜，淋入少许橄榄油，煮至熟透，捞出。
❹ 煎锅中注入适量橄榄油烧热，放入土豆，煎至两面焦黄，移至一旁，放入腌渍好的牛肉，煎至熟透。
❺ 将土豆和牛肉摆入盘中，再放入胡萝卜、豌豆。
❻ 将腌渍牛肉的汁倒入锅中，加热出香味，淋在盘中。
❼ 摆上约克郡布丁即可。

大厨面对面

牛肉腌渍前可先拍打片刻，口感更好。

酥炸牛肉

烹饪时间：11分钟 | 功效：补铁 | 适合人群：一般人群

原料

卤牛肉250克，鸡蛋1个，面粉40克，味椒盐20克

调料

食用油适量

做法

❶ 卤牛肉切块。❷ 鸡蛋打散，加入面粉中，搅匀成面糊，倒入牛肉块，拌匀。❸ 锅中注油，烧至七成热，放入裹上面糊的牛肉块，油炸约1分钟至金黄色。❹ 捞出炸好的牛肉，装盘，配上味椒盐，食用时随个人喜好蘸取即可。

嫩牛肉胡萝卜卷

烹饪时间：6分钟 | 功效：益气补血 | 适合人群：男性

原料

牛肉270克，胡萝卜60克，生菜45克，西红柿65克，鸡蛋1个，面粉适量

调料

盐3克，胡椒粉少许，料酒4毫升，橄榄油适量

做法

❶ 洗净的胡萝卜、西红柿、牛肉均切成片。❷ 牛肉片中打入蛋清，加入少许盐、料酒、面粉拌匀上浆，注入橄榄油，腌渍约10分钟；胡萝卜片加入少许盐、胡椒粉拌匀，腌渍约10分钟。❸ 煎锅注入橄榄油烧热，放入牛肉片，煎出香味，撒上适量胡椒粉，翻转，用中小火再煎约3分钟，盛出。❹ 牛肉片铺开，放上西红柿、生菜、胡萝卜，卷起，放在盘中即成。

孜然法式羊小腿

烹饪时间：25分钟｜功效：提高免疫力｜适合人群：一般人群

原料

羊小腿1000克，香菜2克，蒜头12克，姜块12克，葱3克，香脆椒17克，草果2个，八角3个，小茴香3克，白蔻7克，花椒3克，生粉100克，孜然粉10克，油炸花生米适量

调料

盐3克，生抽3毫升，料酒、食用油各适量

做法

❶ 备好的姜块修齐去皮，切片；葱条捆起；洗净的香菜去根；蒜剁成蒜末。
❷ 热锅注水烧热，放入花椒、小茴香、草果、白蔻、八角、姜片、葱卷，倒入适量料酒、盐。
❸ 放入羊小腿，搅动一会儿，盖上锅盖，煮20分钟，将羊腿捞起，待用。
❹ 羊小腿淋上生抽，并不停地滚动，使生抽覆盖均匀。
❺ 撒上生粉，并不停转动羊小腿。
❻ 热锅注油烧热，放入羊小腿油炸3分钟。
❼ 待羊小腿炸至呈金黄色，捞起，放入备好的盘中；将香菜铺在盘中。
❽ 热锅注油，放入蒜末，爆香，再放入孜然粉、香脆椒，炒出香味。
❾ 放入羊小腿、盐，翻炒均匀。
❿ 将羊小腿捞起，用锡纸卷好羊骨，放入盛有香菜的盘中，撒上香脆椒、油炸花生米即可。

大厨面对面

选购羊肉时，注意无添加剂的羊肉色呈正常鲜红色，有问题的肉质呈深红色。

黑椒汁煎羊小腿片

烹饪时间：13分钟 | 功效：益气补血 | 适合人群：一般人群

原料

羊小腿片500克，红彩椒70克，黄彩椒70克，芦笋60克，洋葱70克，姜20克，香菜少许

调料

盐5克，生抽10毫升，红酒10毫升，橄榄油15毫升，黑胡椒粉6克，蚝油6克，水淀粉10毫升，食用油适量

做法

❶ 洗净的洋葱、姜切丝；洗净的黄彩椒、红彩椒切丁。
❷ 取一个大碗，倒入羊小腿片、洋葱丝、姜丝、香菜，搅拌均匀，再加入3克盐、5毫升生抽、红酒、7毫升橄榄油，拌匀，封上保鲜膜，腌渍10分钟。
❸ 锅中倒水煮沸，倒入芦笋，煮2分钟至熟，捞出。
❹ 再倒入红彩椒丁、黄彩椒丁，焯煮至熟，捞出，与芦笋盛放在一起。
❺ 向焯过水的食材中加入盐和橄榄油，拌匀，待用。
❻ 热锅中倒入适量食用油烧热，放入腌好的羊小腿片，中小火煎3分钟，翻面再煎3分钟，捞出装盘。
❼ 另起锅烧热，注油，倒入黑胡椒粉，搅散，加入适量清水、蚝油、生抽，顺时针方向搅动锅勺，一边淋入水淀粉勾芡，制成黑椒汁。
❽ 关火，将黑椒汁浇到煎好的羊小腿片上，放入芦笋、红彩椒丁、黄彩椒丁摆盘即可。

黄金鸡球

烹饪时间：3分钟 | 功效：益气补血 | 适合人群：一般人群

面包糠30克，鸡脯肉末300克，鸡蛋40克，姜末、蒜末各少许

盐2克，鸡粉2克，芝麻油4毫升，料酒5毫升，水淀粉、白糖、黑胡椒粉、食用油各适量

❶ 取一个碗，倒入肉末、姜末、蒜末，搅拌匀，加入少许盐、鸡粉、芝麻油、料酒、黑胡椒粉、白糖。

❷ 打入鸡蛋，加入少许水淀粉，搅拌均匀，用手将肉捏成丸子，均匀的蘸上面包糠。

❸ 锅中注入适量的食用油，烧至四成热，将制好的肉丸放入油锅中，搅拌均匀。

❹ 炸至呈金黄色，将肉丸盛出，沥干油分，盛出装入碗中即可。

大厨面对面

捏肉丸时最好大小一致，以便油炸时受热均匀。

麻辣怪味鸡

烹饪时间：3分钟 | 功效：增强免疫力 | 适合人群：一般人群

原料

鸡肉300克，红椒20克，蒜末、葱花各少许

调料

盐2克，鸡粉2克，生抽5毫升，辣椒油10毫升，料酒、生粉、花椒粉、辣椒粉、食用油各适量

做法

❶ 将洗净的红椒切成小块。❷ 洗好的鸡肉斩成小块，加入少许生抽、盐、鸡粉、料酒，拌匀。❸ 撒上生粉，拌匀，腌渍10分钟，至其入味，备用。❹ 锅中注油，烧至五成热，倒入腌好的鸡肉块，拌匀。❺ 捞出炸好的鸡肉，沥干油，待用。❻ 锅底留油烧热，撒上蒜末、红椒块、花椒粉、辣椒粉、葱花、盐、鸡粉、辣椒油炒匀，放入鸡块拌匀即可。

大厨面对面

放入调味料调味时，应将火调小，以免鸡肉炒煳。

黑椒蒜香煎鸡翅

烹饪时间：11分钟 | 功效：增强免疫力 | 适合人群：一般人群

1 2 3 4

鸡翅400克，熟玉米200克，生菜130克，黑蒜80克

盐1克，黑胡椒粉5克，料酒5毫升，食用油适量

❶ 洗好的熟玉米切成段；黑蒜切成丁；生菜放入盘中。

❷ 洗净的鸡翅两面划上“一”字刀，装入碗中，加入盐、料酒，倒入少许切好的黑蒜，拌匀，腌渍10分钟至其入味。

❸ 热锅注油，放入腌好的鸡翅，中火煎约6分钟至两面微微焦黄。

❹ 倒入切好的熟玉米，放入切丁的黑蒜，加入黑胡椒粉，稍煎约3分钟至熟透入味，关火后将鸡翅和玉米盛出，摆盘即可。

大厨面对面

煎好的鸡翅可用厨房纸吸走多余油分后再回锅，以减少油腻感。

柠檬煎鸡翅

烹饪时间：5分钟｜功效：美容养颜｜适合人群：女性

原料

鸡翅400克，迷你柠檬、酸梅酱各适量

调料

白糖、橄榄油各适量

做法

1. 洗净的迷你柠檬对半切开。
2. 洗净的鸡翅两面打上“一”字花刀。
3. 锅中注入适量橄榄油烧热，放入鸡翅。
4. 用小火煎至两面微黄，盛出，装入盘中。
5. 锅底留油，倒入少许清水，加入酸梅酱、白糖。
6. 挤入迷你柠檬的汁，拌至味汁浓稠。
7. 将迷你柠檬摆入盘中。
8. 将煮好的味汁淋在鸡翅上即可。

大厨面对面

将柠檬替换成番茄酱也是一道很美味的菜肴。

煎荷包蛋

烹饪时间：5分钟 | 功效：增强免疫力 | 适合人群：一般人群

原料

鸡蛋2个，罗马生菜50克，小葱少许

调料

盐、橄榄油各适量

做法

1. 洗净的罗马生菜叠好，切成段。
2. 洗净的小葱切成段。
3. 锅中注入适量橄榄油，烧至三成热，打入鸡蛋。
4. 煎至蛋清稍微凝固。
5. 淋入少许清水，再煎片刻。
6. 撒上少许盐，盛入盘中。
7. 在盘中摆上罗马生菜，撒上小葱段即可。

大厨面对面

也可在煎蛋前，将整个鸡蛋连蛋壳一起放入热水中，泡一分钟，这样能更好地保持煎蛋的完整性。

香辣金钱蛋

烹饪时间：5分钟 | 功效：增强免疫力 | 适合人群：一般人群

原料

鸡蛋5个，青辣椒2个，红辣椒2个，葱花适量

调料

盐4克，生抽6毫升，生粉、食用油各适量

做法

1. 锅中注入适量清水烧开，放入鸡蛋。
2. 小火煮熟，捞出，放凉。
3. 青辣椒、红辣椒均洗干净后，切成小圈。
4. 放凉的鸡蛋去壳，切成片，两面蘸少许生粉。
5. 锅里放油，放入鸡蛋片煎至表面金黄。
6. 放入青辣椒、红辣椒煎一会儿。
7. 然后放入盐、生抽拌匀。
8. 出锅前撒葱花即可。

大厨面对面

煎鸡蛋时，翻动的力道不要太大，以免鸡蛋破碎。

西葫芦蛋饺

烹饪时间：4分钟 | 功效：降低血压 | 适合人群：高血压病者

原料

西葫芦80克，竹笋70克，胡萝卜50克，鸡蛋2个，肉末50克，蒜末少许

调料

盐3克，生抽5毫升，芝麻油、鸡粉、食用油各适量

做法

❶ 鸡蛋打散，加入少许盐搅匀；洗好的竹笋、胡萝卜、西葫芦均切成粒。❷ 锅中注水烧开，加入盐，放入竹笋、西葫芦、胡萝卜，煮半分钟，捞出。❸ 用油起锅，倒入肉末炒松散，放入蒜末爆香，倒入焯好的食材炒均匀，加入适量生抽、盐、鸡粉、芝麻油炒匀，盛出。❹ 用油起锅，倒入适量蛋液，煎成蛋皮后取适量馅料放入其中。❺ 将蛋皮对折，用小火煎至蛋饺成形。❻ 铲掉边角，装入盘中即可。

大厨面对面

煎蛋皮的时候要让蛋液凝固成形再对折，否则很容易将蛋皮弄破。

香辣藕夹盖温泉蛋

烹饪时间：13分钟｜功效：清热解毒｜适合人群：一般人群

去皮莲藕300克，鸡蛋2个，肉末100克，生菜50克，大葱10克，紫苏6克，葱花、香菜、姜末各少许

椰子油5毫升，料酒6毫升，陈醋3毫升，生抽4毫升，盐2克，黑胡椒粉2克，生粉10克

❶ 莲藕切片；洗净的大葱切圈，改切成碎；将洗净的紫苏叶卷起来，切碎；洗净的香菜切碎，待用。
❷ 往碗中倒入适量椰子油，放入肉末、大葱、香菜、紫苏、生粉。
❸ 倒入适量料酒，加入姜末、适量生抽，放入盐、黑胡椒粉，充分拌匀，制成馅料，待用。
❹ 取一片莲藕，放上拌匀的馅料，再用另外一片莲藕夹住，制成藕夹，其余的莲藕采用相同的方法做成藕夹，放入盘中，待用。
❺ 热锅注入椰子油烧热，放上藕夹，煎至焦黄色。
❻ 注入适量的清水，加盖，大火煮开后转小火煎煮5分钟。
❼ 揭盖，淋上适量生抽，拌匀，将藕夹盛出放在砧板上，切成块。
❽ 另取一盘，摆放上备好的生菜，铺平，将藕夹摆放在生菜上。
❾ 往沸水锅中打入鸡蛋，调小火煮至凝固，制成温泉蛋，将温泉蛋盛出，摆放在莲藕上，撒上葱花。
❿ 往备好的小碟中加入生抽、料酒、陈醋，拌匀，制成调味汁，摆在菜肴旁即可。

切好的莲藕可以放入清水中，这样可以防止其氧化变色。

酥炸凤尾虾

烹饪时间：2分钟 | 功效：增强免疫力 | 适合人群：一般人群

基围虾120克，鸡蛋40克，蒜末10克，面包糠20克

盐3克，鸡粉4克，生粉20克，食用油适量

❶ 将洗净去掉头部的基围虾背部切开，挑去虾线，加入适量鸡粉、盐、生粉，加入蛋清，抓匀，腌渍片刻。

❷ 热锅注油烧热，放入蒜末，爆香，倒入部分面包糠，再加入盐、鸡粉，翻炒调味，待炒出香味后盛入盘中，待用。

❸ 将蛋黄搅匀，装入盘中；将腌好的基围虾黏上生粉，裹上蛋液，均匀地黏上剩余的面包糠，待用。

❹ 热锅注入适量食用油，烧至七成热，放入虾，搅匀，炸至虾金黄酥脆，捞出，沥干油分，放入装饰好的盘中，撒上炒好的面包糠即可。

炸虾时可多搅拌一下，会使受热更均匀。

蒜香虾枣

烹饪时间：5分钟 | 功效：降低血压 | 适合人群：高血压病者

原料

虾胶100克，蒜末少许，鸡蛋1个

调料

食用油适量

做法

❶ 鸡蛋打开，取蛋黄倒入碗中。

❷ 虾胶装入碗中，放入蒜末，倒入蛋黄，将虾胶和蛋黄抓匀，待用。

❸ 热锅注油，烧至五成热，关火，将虾胶挤成枣状，放入油锅中，浸炸至虾枣成形。

❹ 待虾枣浮在油面上，开火，搅匀，炸至微黄色，把炸好的虾枣捞出，沥油，装入盘中即可。

大厨面对面

炸虾枣的时间不宜过长，否则会影响虾枣的口感和外观。

糖醋鲤鱼

烹饪时间：8分钟｜功效：开胃消食｜适合人群：一般人群

原料

鲤鱼550克，蒜末、葱丝少许

调料

盐2克，白糖6克，白醋10毫升，番茄酱、水淀粉、生粉、食用油各适量

做法

❶ 洗净的鲤鱼切上花刀，备用。❷ 热锅注油，烧至五六成热，将鲤鱼滚上生粉，放到油锅中，搅匀，用小火炸至两面熟透。❸ 捞出鲤鱼，沥干油，装入盘中，待用。❹ 锅底留油，倒入蒜末，爆香，注入少许清水，加入盐、白醋、白糖，搅拌匀，加入番茄酱，拌匀。❺ 倒入适量水淀粉，搅拌均匀，至汤汁浓稠。❻ 关火后盛出汤汁，浇在鱼身上，点缀上葱丝即可。

大厨面对面

炸鱼时油温不宜过高，以免外焦内生。

Part 4

蒸菜的养生之道

蒸菜用最简单的水和火的魔法，成就了食材最原始的味道。面对琳琅满目的美食，在我们食指大动的时候，怎么吃才更健康、更养生呢？这个时候，蒸菜就脱颖而出了。说起蒸菜，你脑海中是否马上浮现出清淡无味、食材稀少的印象呢，其实，蒸菜也可以花样百出，相信你领略过本章菜肴后，会发现总有一道可以唤醒你的味蕾，牵动你的心弦。

蒸菜之道

蒸菜虽然简单，但是其蒸制方法多种多样，不同的食材有其不同的最佳蒸法，只有了解了各种蒸制方法，才能蒸出最美味的蒸菜。

清蒸

指的是将原料经过初步加工后，用调料腌渍，然后入锅蒸至熟， 食材蒸熟后根据需要淋上芡汁的方法。清蒸的菜品具有汤清味鲜、质地细嫩的特点。

粉蒸

是将加工好的原料用米粉及其他调料拌匀，然后入锅蒸熟的方法。粉蒸的菜品具有软熟滋糯、香浓味醇的特点。

包蒸

是指将加工好的原料用调料拌匀腌渍至入味后，再用荷叶、竹叶、网油叶等包裹好，入锅蒸的方法。可以保持原料的原汁原味，还增加了包裹材料的味道。

扣蒸

也称为旱蒸，是指将原料加工后调好味，码入碗中，不加汤汁，有的还需要加盖或者封口，然后入锅蒸熟后取出翻扣盘中，再根据需要淋入芡汁的方法。扣蒸的菜品具有形态饱满、鲜嫩可口的特点。

封蒸

指的是将处理好的原料调好味后，放入炖盅等容器中，盖盖，或者用荷叶、锡纸、牛皮纸等封住盅口，再蒸熟的方法。封蒸的菜品味道浓郁，更为原汁原味。

果盅蒸

就是将水果挖空果肉，制成水果盅，再将加工好、调好味的原料放入水果盅内，入锅蒸至熟的方法。果盅蒸多选用的是西瓜、木瓜、雪梨等水果。

这样做蒸菜更美味

“蒸”最早始于中国，中华千年美食文化素有“无菜不蒸”之说。但是，看似操作简单的蒸菜，其实也是需要讲究技巧才能蒸出好营养好滋味的，下面我们一起来学学“蒸”技巧吧！

蒸菜火候看原料

蒸菜需要注意火候。质地鲜嫩的原料，一般沸水入锅、猛火速蒸，如水产海鲜类、蔬菜类等；质地较粗的原料，一般是需要将其蒸至酥烂，所以最好是沸水入锅、猛火慢蒸，如粉蒸肉等；而质地嫩滑的原料，最好是沸水入锅、文火慢蒸。

蒸菜原料摆放有学问

当蒸菜的原料有两种以上时，最好将原料分层摆放：一般来说，不易成熟的菜摆在上面，容易成熟的菜摆在下面；颜色较浅的菜摆在上面，颜色较深的菜摆在下面；汤汁较少的菜摆在上面，汤汁较多的菜摆在下面。

蒸前先调味

如果不是特殊要求，一般情况下，我们都应将原料用调味料拌匀或腌渍好后再入锅蒸， 因为食材蒸熟后不易入味，在加热期间也难以入味，而有时候我们会在蒸熟后加以调味，但那也只是辅助性、补充性的调味。

入锅出锅有技巧

一定要在锅内水沸后再将原料入锅蒸；上火加热的时间一般比规定时间少2～3分钟，停火后不马上出锅，利用余温虚蒸一会，味道更好。

中途加水时要加热水

蒸东西时，锅内必须一直要保持水量，水太少的话，蒸气量就会减少，只要水量不够就立刻加水，一定要加热水，这样温度才不会下降。

蒜蓉蒸娃娃菜

烹饪时间：19分钟 | 功效：补锌 | 适合人群：儿童

原料

娃娃菜350克，水发粉丝200克，红彩椒粒、蒜末各15克

调料

盐、鸡粉各1克，生抽5毫升， 食用油适量

做法

❶ 泡好的粉丝切段；洗好的娃娃菜切粗条。❷ 将切好的娃娃菜摆放在盘的四周，放上切好的粉丝。❸ 蒸锅注水烧开，放上装有食材的盘子，用大火蒸15分钟，取出。❹ 另起锅，注入适量食用油，倒入蒜末，爆香，加入生抽。❺ 倒入红彩椒粒，拌匀，加入盐、鸡粉，炒约2分钟至入味。❻ 关火后盛出蒜蓉汤汁，浇在娃娃菜上即可。

大厨面对面

事先可在娃娃菜上用牙签扎几个小孔，以便入味。

过瘾包菜

烹饪时间：8分钟 | 功效：开胃消食 | 适合人群：一般人群

包菜500克，简易橙醋酱油30毫升

椰子油5毫升

❶ 洗净的包菜切去梗，对半切开，切成大块，将切好的包菜摆放在备好的盘中。
❷ 电蒸锅注水烧开，放上包菜。
❸ 往包菜上淋上椰子油，加盖，蒸8分钟。
❹ 揭盖，取出包菜，浇上简易橙醋酱油即可。

大厨面对面

蒸包菜的时间不能太长，否则容易影响口感。

冰糖百合蒸南瓜

烹饪时间：13分钟 | 功效：益气补血 | 适合人群：女性

南瓜130克，鲜百合30克

冰糖15克

做法

1. 南瓜洗净，去掉外皮，切成厚片，再改切成条状，
2. 把切好的南瓜条装在蒸盘中。
3. 蒸盘中放入洗净的鲜百合，撒上冰糖，待用。
4. 备好电蒸锅，蒸开上汽。
5. 放入蒸盘。
6. 盖上盖，蒸约10分钟，至食材熟透。
7. 断电后揭盖，取出蒸盘。
8. 稍微冷却后食用即可。

南瓜蒸的时间可长一些，口感会更软糯。

蒜香蒸南瓜

烹饪时间：9分钟 | 功效：降低血压 | 适合人群：高血压病者

原料

南瓜400克，蒜末25克，香菜、葱花各少许

调料

盐2克，鸡粉2克，生抽4毫升，芝麻油2毫升，食用油适量

做法

❶ 洗净去皮的南瓜切厚片。
❷ 将南瓜片装入盘中，摆放整齐。
❸ 把蒜末装入碗中，放入少许盐、鸡粉。
❹ 淋入适量生抽、食用油、芝麻油，用筷子拌匀，调成味汁。
❺ 把味汁浇在南瓜片上。
❻ 把处理好的南瓜放入烧开的蒸锅中。
❼ 盖上盖，用大火蒸8分钟，至南瓜熟透。
❽ 揭开盖，取出蒸好的南瓜，撒上葱花，放上香菜点缀，浇上少许烧热的食用油即可。

大厨面对面

南瓜蒸的时候要掌握好时间和火候，蒸烂了会影响口感。

双椒蒸豆腐

烹饪时间：13分钟 | 功效：益气补血 | 适合人群：女性

原料

豆腐300可克，剁椒15克，小米椒15克，葱3克

调料

蒸鱼豉油10毫升

做法

❶ 将洗净的豆腐切片。❷ 取一蒸盘，放入豆腐片，摆好。❸ 撒上剁椒和小米椒，封上保鲜膜，待用。❹ 备好电蒸锅，烧开水后放入蒸盘。❺ 盖上盖，蒸约10分钟，至食材熟透。❻ 断电后揭盖，取出蒸盘，去除保鲜膜，趁热淋上蒸鱼豉油，撒上葱花即可。

大厨面对面

豆腐最好切得薄一些，更易蒸入味。

金瓜杂菌盅

烹饪时间：43分钟 | 功效：增强免疫力 | 适合人群：一般人群

原料

金瓜650克，鸡腿菇65克，水发香菇95克，草菇20克，青椒15克，彩椒10克

调料

盐、鸡粉各2克，白糖3克，食用油适量

做法

❶ 洗好的草菇对半切开；洗净的青椒、彩椒、鸡腿菇、香菇均切块。❷ 洗净的金瓜切去顶部，掏空瓜瓤，制成南瓜盅。❸ 锅注水烧开，倒入草菇、鸡腿菇，略煮，捞出。❹ 用油起锅，倒入香菇炒匀，倒入彩椒块、青椒块、焯水的食材翻炒，注入适量清水。❺ 加入盐、鸡粉、白糖，炒匀调味，盛出，装入金瓜盅内。❻ 蒸锅烧开，放入金瓜盅，用中火蒸约40分钟，取出即可。

大厨面对面　金瓜的瓜瓤要清除干净，以免食用时影响成品的口感。

蒸冬瓜肉卷

烹饪时间：12分钟 | 功效：增强免疫力 | 适合人群：一般人群

冬瓜400克，水发木耳90克，午餐肉200克，胡萝卜200克，葱花少许

鸡粉2克，水淀粉4毫升，芝麻油、盐各适量

❶ 将泡发好的木耳切成细丝；洗净去皮的胡萝卜切成丝；午餐肉切成丝；洗净去皮的冬瓜切成薄片。

❷ 锅中注水大火烧开，倒入冬瓜片煮至断生，捞出，铺在盘中，放上午餐肉、木耳、胡萝卜，卷起，定型制成卷。

❸ 蒸锅上火烧开，放入冬瓜卷，大火蒸10分钟至熟，取出。

❹ 热锅注水烧开，放入少许盐、鸡粉，加入水淀粉勾芡，淋入少许芝麻油拌匀，淋在冬瓜卷上，撒上葱花即可。

大厨面对面

冬瓜不宜焯水过久，以免卷起的时候冬瓜破裂。

芋头扣肉

烹饪时间：120分钟 | 功效：开胃消食 | 适合人群：一般人群

原料

五花肉550克，芋头200克，蜂蜜10克，八角、草果、桂皮、葱段、姜片各少许

调料

盐3克，鸡粉少许，蚝油7克，生抽4毫升，料酒8毫升，老抽20毫升，水淀粉、食用油各适量

做法

❶ 锅注水烧热，放入洗净的五花肉，淋上适量的料酒，烧开后用中小火煮约30分钟，至食材熟软，捞出。
❷ 放凉后抹上适量老抽、蜂蜜，腌渍一会儿；将去皮洗净的芋头切片。
❸ 锅注油，烧至四五成热，倒入腌好的五花肉，轻轻搅拌匀，用中火炸约2分钟，捞出，放凉待用。
❹ 油锅中放入芋头片，用中火炸约1分钟，至食材断生，捞出；五花肉切成厚度均匀的片。
❺ 用油起锅，倒入姜片、葱段，爆香，再放入八角、草果、桂皮炒香，倒入肉片炒匀，淋入少许料酒炒匀。
❻ 注入适量清水，加入适量蚝油、盐、鸡粉、生抽、老抽拌匀，中小火煮约30分钟，盛出，待用。
❼ 取一蒸碗，依次放入肉片和炸过的芋头片，码放整齐，再浇上碗中的肉汤汁，待用。
❽ 蒸锅上火烧开，放入蒸碗，盖上盖，用大火蒸约50分钟，至食材熟透，关火后揭盖，取出蒸碗，待用。
❾ 取一盘子，盖在蒸碗上，翻转位置，使蒸碗扣在盘中，沥出汁水，装在小碗中，再取下蒸碗，摆好盘。
❿ 锅置火上，注入备好的汁水加热，滴上少许老抽，拌匀，用水淀粉勾芡，浇在盘中即可。

大厨面对面

蒸食材的时间可以稍微长一些，这样扣肉的口感更佳。

梅菜扣肉

烹饪时间：132分钟 | 功效：开胃消食 | 适合人群：一般人群

原料

五花肉450克，梅干菜250克，南腐乳15克，蒜末、葱末、姜末各10克，八角末、五香粉各少许

调料

盐3克，白糖、味精、老抽、白酒、水淀粉、食用油各适量

做法

❶ 锅注水烧开，放入五花肉，氽煮约1分钟，夹出，用竹签在肉皮上扎孔，抹上老抽；洗净的梅干菜切末。

❷ 锅中注油烧热，放入五花肉，炸约1分钟，捞出，放入清水中浸泡片刻，取出，切成片。

❸ 炒锅注油烧热，放入少许蒜末、梅干菜，略炒，加入适量盐、白糖，拌炒入味，盛出装盘。

❹ 用油起锅，放入蒜末、葱末、姜末、八角末、五香粉、南腐乳，煸炒香，再倒入五花肉，翻炒入味，加入少许白糖、味精、老抽、白酒、清水，煮沸。

❺ 将五花肉码入小碗内，夹入部分梅干菜，剩余的铺在肉片上，淋入锅中的汤汁。

❻ 将碗放入蒸锅，蒸约2小时，端出，倒扣在盘中。

❼ 锅中注油，加少许水、老抽拌匀，加入水淀粉拌匀，浇在五花肉上即成。

大厨面对面

切五花肉时，要将其切成厚度相同的薄肉片，这样蒸出来的口感更加鲜嫩。用竹签在五花肉的肉皮上扎满孔能使调料更好地进入肉皮里。

如意白菜卷

烹饪时间：22分钟 | 功效：增强免疫力 | 适合人群：一般人群

原料

白菜叶100克，肉末200克，水发香菇10克，高汤100毫升，姜末、葱花各少许

调料

盐3克，鸡粉3克，料酒5毫升，水淀粉4毫升

做法

❶ 洗净的香菇去蒂，切成丁。❷ 锅中注水烧开，倒入白菜叶搅匀，煮至熟软，捞出。❸ 取一个碗，倒入肉末、香菇、姜末、葱花、盐、鸡粉、料酒、水淀粉搅匀调味，制成肉馅。❹ 将白菜叶铺平，放入适量肉末，卷成卷，放入盘中。❺ 将白菜卷用大火蒸20分钟至熟，取出，两端修齐，对半切开。❻ 炒锅中倒入高汤，加入少许盐、鸡粉，再倒入少许水淀粉，搅匀，浇在白菜卷上即可。

大厨面对面

白菜不宜焯煮太久，否则白菜卷易破裂。

荷香蒸腊肉

烹饪时间：21分钟 | 功效：开胃消食 | 适合人群：一般人群

原料

腊肉150克，荷叶半张，红椒丁10克，姜末8克，葱花5克

做法

❶ 腊肉切片。❷ 锅中注水烧开，倒入腊肉片，汆煮去多余盐分，捞出。❸ 将洗净的荷叶摊开放在盘中，放入腊肉、姜末、红椒丁、葱花，用荷叶将食材包紧实。❹ 取电蒸锅，放入食材，蒸20分钟至熟，取出，食用时揭开荷叶即可。

粉蒸牛肉

烹饪时间：21分钟 | 功效：益气补血 | 适合人群：女性

原料

牛肉300克，蒸肉米粉100克，蒜末、红椒、葱花各少许

调料

盐、鸡粉各2克，料酒5毫升，生抽4毫升，蚝油4克，水淀粉5毫升，食用油适量

做法

❶ 处理好的牛肉切成片，待用。❷ 取一个碗，倒入牛肉，加入盐、鸡粉、料酒、生抽、蚝油、水淀粉、蒸肉米粉，搅拌片刻，装入盘中。❸ 蒸锅烧开，放入牛肉，大火蒸20分钟，取出，装入另一碗中，放上蒜末、红椒、葱花。❹ 锅中注油烧热，浇在牛肉上即可。

牛奶蒸鸡蛋

烹饪时间：25分钟 | 功效：增强免疫力 | 适合人群：一般人群

原料

鸡蛋2个，牛奶250毫升，提子、哈密瓜各适量

调料

白糖少许

做法

❶ 把鸡蛋打入碗中，打散调匀；将洗净的提子对半切开。❷ 用挖勺将哈密瓜挖成小球状，将处理好的水果装入盘中，待用。❸ 把白糖倒入牛奶中，搅匀，将搅匀的牛奶加入蛋液中，搅拌均匀。❹ 取电饭锅，放入调好的牛奶蛋液，蒸20分钟。❺ 打开盖子，把蒸好的牛奶鸡蛋取出。❻ 放上切好的提子和挖好的哈密瓜即可。

大厨面对面

提子可去籽，食用起来更方便。

蒸三色蛋

烹饪时间：14分钟｜功效：益智健脑｜适合人群：一般人群

鸡蛋3个，去壳皮蛋1个

盐3克，鸡粉3克

❶ 把备好的皮蛋切小块。
❷ 鸡蛋磕破，将蛋清和蛋黄分别装在碗中。
❸ 两碗中依次加入适量的盐、鸡粉和100毫升清水，拌匀、搅散，制成蛋清液和蛋黄液。
❹ 取一蒸盘，放入切好的皮蛋，摆好，倒入调好的蛋清液。
❺ 备好电蒸锅，烧开水后放入蒸盘。
❻ 盖上盖，蒸约5分钟，至蛋清液成型，取出蒸盘。
❼ 稍微冷却后注入调好的蛋黄液。
❽ 再次放入烧开的电蒸锅中。
❾ 盖上盖，蒸约5分钟，至食材熟透，取出蒸盘。
❿ 食用时分切成小块，装在盘中，摆好盘即可。

皮蛋最好切得小一些，蒸熟后口感会更松软。

西蓝花豆酥鳕鱼

烹饪时间：12分钟 | 功效：增强免疫力 | 适合人群：一般人群

原料

鳕鱼230克，西蓝花50克，姜片5克，葱段5克，豆豉8克，蒜瓣5克

调料

盐3克，鸡粉2克，料酒、生抽各4毫升，白胡椒粉、食用油各适量

做法

❶ 洗好的葱段细细切碎；姜片切成末；蒜瓣切成末；洗净的西蓝花切去柄，切成小朵，待用。

❷ 锅中注入适量的清水大火烧开，加入适量盐、食用油，倒入西蓝花，搅拌片刻，焯煮至断生，将西蓝花捞出，沥干水分，待用。

❸ 鳕鱼倒入盘中，加入盐、料酒抹匀，腌渍10分钟。

❹ 电蒸锅注水烧开，放入鳕鱼，盖上锅盖，蒸10分钟，揭开锅盖，将蒸好的鳕鱼取出。

❺ 热锅注油烧热，放入豆豉、蒜末、姜末、葱碎，爆香。

❻ 加入生抽，注入少许清水，放入鸡粉、白胡椒粉，搅拌调味，制成酱汁。

❼ 关火，将炒好的酱汁盛出装入小碗中，待用。

❽ 将备好的西蓝花摆放在鳕鱼边上，把制好的酱汁浇在鳕鱼上即可。

鸿运鳜鱼

烹饪时间：10分钟 | 功效：保护视力 | 适合人群：一般人群

1　2　3　4

鳜鱼300克，上海青100克，红椒60克，葱花少许

料酒10毫升，胡椒粉4克，盐3克，蒸鱼豉油适量

❶ 择洗好的上海青切去根部，切成瓣；洗净的红椒去籽，切成丁；处理干净的鳜鱼切下鱼头，鱼身对半切开，去除鱼骨、鱼尾，鱼肉片成双飞片。
❷ 将鱼骨、鱼头装入盘中，放入适量料酒、胡椒粉、盐，拌匀；鱼片放入盐、料酒、胡椒粉拌匀。
❸ 将鱼头、鱼骨、鱼尾摆入盘中，摆成鱼形，两边摆放上海青，将鱼片卷成卷摆放在鱼身上，撒上红椒丁。
❹ 电蒸锅注水烧开，放入食材，蒸10分钟至熟，取出，撒上葱花即可。

鳜鱼不宜蒸久，以免肉质过老，影响口感。

剁椒蒸鱼头

烹饪时间：12分钟 | 功效：益智健脑 | 适合人群：一般人群

鱼头1个，蒜末、姜末、葱花各3克

盐、白糖各3克，老干妈10克，剁椒50克，鸡粉2克

❶ 将切好的鱼头两边分别抹上盐，腌渍10分钟待用。❷ 取一碗，倒入剁椒、老干妈、蒜末、姜末，加入白糖、鸡粉搅拌均匀，制成调料。❸ 将调料放在腌好的鱼头上面，备用。❹ 取电蒸锅，放入鱼头。❺ 盖上盖，将时间调至“10”。❻ 揭盖，取出蒸好的鱼头，撒上葱花即可。

要将鱼头切开进行腌渍，这样容易入味。

鲫鱼蒸蛋

烹饪时间：22分钟 | 功效：益智健脑 | 适合人群：一般人群

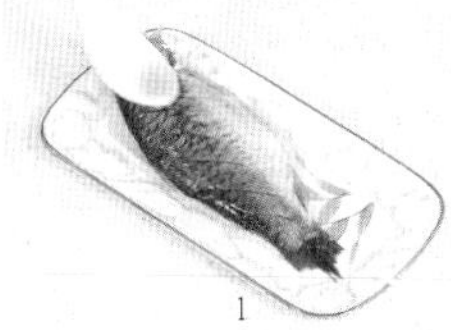
1

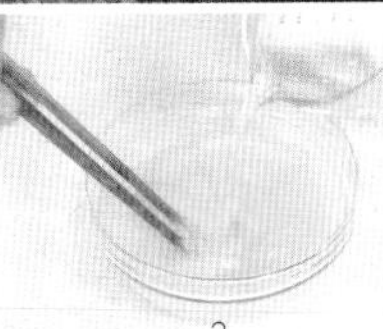
2

3

4

原料

鲫鱼200克，鸡蛋液100克，葱花少许

调料

芝麻油4毫升，老抽5毫升，料酒3毫升，胡椒粉、盐各少许

做法

1. 处理好的鲫鱼两面打上一字花刀，两面撒上适量盐，加入胡椒粉，淋上料酒抹匀后腌渍10分钟。
2. 在鸡蛋液中加入盐，打散搅拌匀，注入适量的清水，搅匀。
3. 取一个碗，倒入蛋液，放入鲫鱼，用保鲜膜将碗口包住，待用。
4. 电蒸锅注水烧开，放入食材，蒸20分钟，取出，撕去保鲜膜，淋上芝麻油、老抽，撒上葱花即可。

大厨面对面

鲫鱼土腥味较重，可多腌渍片刻。

剁椒鲈鱼

烹饪时间：12分30秒 | 功效：保护视力 | 适合人群：一般人群

净鲈鱼300克，剁椒45克，姜末、葱花各少许

盐3克，鸡粉2克，生粉15克，料酒5毫升，水淀粉、食用油各适量

❶ 将鲈鱼由尾部切开，用横刀切去鱼肉，留鱼骨待用，再把鱼肉用斜刀切成片。
❷ 把鲈鱼片放在碗中，加入少许盐、鸡粉，拌匀，倒入少许水淀粉，拌匀上浆。
❸ 再撒上姜末，拌匀，去除鱼腥味，注入适量食用油，腌渍约10分钟，至鱼肉入味。
❹ 剁椒装在碗中，倒入生粉，加入鸡粉，注入少许食用油，搅拌均匀，制成味汁，待用。
❺ 取一个干净的蒸盘，摆好鱼骨，撒上盐，再淋入料酒，放上腌渍好的鱼片，放入味汁铺匀。
❻ 蒸锅上火烧开，放入装有鱼片的蒸盘。
❼ 盖上盖，用大火蒸约8分钟，至食材熟透。
❽ 关火后揭开盖子，取出蒸好的鲈鱼，趁热撒上葱花，最后淋上少许烧热的食用油即可。

清蒸鲈鱼

烹饪时间：7分钟 | 功效：开胃消食 | 适合人群：一般人群

原料

鲈鱼250克，胡萝卜20克，葱叶、葱白各10克，姜片10克，大蒜10克

调料

盐2克，料酒6毫升，蒸鱼豉油、食用油各适量

做法

❶ 大蒜、姜片、葱白、葱叶均切成丝；洗净去皮的胡萝卜切成片。❷ 处理好的鲈鱼两面划上“一”字花刀，装入盘中，撒上盐、料酒，抹匀腌渍20分钟。❸ 在鱼盘边缘摆上胡萝卜片，撒上葱白丝、姜丝，用保鲜膜将盘口包裹封好。❹ 电蒸锅注水烧开，放入鲈鱼，蒸6分钟，取出。❺ 去除保鲜膜，拣去葱丝、姜丝，撒上蒜丝、葱丝。❻ 锅注油烧热，浇在鲈鱼身上，浇上蒸鱼豉油即可。

大厨面对面

蒸鱼前可将姜丝塞进鱼腹内，会更好入味。

泰式青柠蒸鲈鱼

烹饪时间：10分钟 | 功效：益气补血 | 适合人群：一般人群

原料

鲈鱼200克，青柠檬80克，蒜头7克，青椒7克，朝天椒8克，香菜少许

调料

盐2克，鱼露10毫升，香草浓浆26毫升，食用油适量

做法

❶ 处理好的鲈鱼两面划上数道"一"字花刀，放入盘子中，在鲈鱼身上撒盐，涂抹均匀，腌渍10分钟。
❷ 青柠檬对半切开，再切小瓣；取一个干净的小碗，挤入青柠汁。
❸ 洗净的朝天椒去蒂，切成末；洗净的青椒去蒂，切成末。
❹ 洗净去皮的蒜头切成碎末。
❺ 将鱼放入烧开水的电蒸锅中，隔水蒸8分钟至熟。
❻ 取一个碗，放入切好的青椒、朝天椒。
❼ 倒入蒜末、青柠汁、香草浓浆、鱼露，搅拌均匀。
❽ 再加入香菜，搅拌均匀，制成调味汁，待用。
❾ 揭开蒸锅盖，取出蒸盘，将调味汁淋在鱼上。
❿ 热锅注油，烧热，将热油浇在鱼身上，摆上装饰的柠檬片即可。

大厨面对面

青柠最好选用泰国产的，涩味会淡一些。

三文鱼泡菜铝箔烧

烹饪时间：12分钟 | 功效：防癌抗癌 | 适合人群：一般人群

三文鱼250克，韭菜60克，泡菜100克，白洋葱60克，红椒丝10克，葱花、白芝麻各适量

生抽5毫升，料酒5毫升，白胡椒粉2克，盐2克，辣椒酱、椰子油各适量

❶ 处理好的白洋葱切成丝；处理干净的三文鱼斜刀切成片；择洗好的韭菜切成小段。

❷ 备好一个碗，放入盐、白胡椒粉、料酒，加入适量生抽、辣椒酱，搅拌片刻。

❸ 放入三文鱼片，搅拌片刻，加入泡菜、韭菜、白洋葱拌匀。

❹ 淋入椰子油，再次搅拌匀。

❺ 备好一张锡纸，将拌好的料倒入锡纸内，将锡纸的四周折叠起来形成一个纸锅。

❻ 将锡纸放入平底锅内，注入约2厘米高的清水，开中火，盖上锅盖，蒸12分钟。

❼ 揭开锅盖，连同锡纸一起取出装入盘中。

❽ 撒上葱花、白芝麻、红椒丝即可。

野山椒末蒸秋刀鱼

烹饪时间：10分钟 | 功效：降压降糖 | 适合人群：糖尿病者

原料

净秋刀鱼190克，泡小米椒45克，红椒圈15克，蒜末、葱花各少许

调料

鸡粉2克，生粉12克，食用油适量

做法

❶ 在秋刀鱼的两面都切上花刀；泡小米椒切碎，再剁成末。❷ 将切好的泡小米椒放入碗中，加入蒜末、鸡粉、生粉。❸ 再注入适量食用油，拌匀，制成味汁，待用。❹ 取一个蒸盘，摆上切好的秋刀鱼，放入备好的味汁，铺匀，撒上红椒圈，待用。❺ 蒸锅上火烧开，放入装有秋刀鱼的蒸盘，盖上盖，用大火蒸约8分钟。❻ 取出蒸好的秋刀鱼，趁热撒上葱花，淋上少许热油即成。

大厨面对面

秋刀鱼用少许柠檬汁腌渍一下，可以减轻泡小米椒辛辣的味道。

鱼干蒸腊肉

烹饪时间：32分钟 | 功效：增强免疫力 | 适合人群：一般人群

小鱼干170克，腊肉260克，姜丝、葱花各少许

白糖2克，生抽3毫升，料酒3毫升，胡椒粉少许，食用油适量

❶ 将腊肉去皮，改切片。
❷ 取一盘子，放入腊肉，摆好，放上小鱼干码好，再放上姜丝。
❸ 取一碗，放入生抽、料酒、白糖、胡椒粉、食用油，拌成酱汁，浇在盘中的小鱼干和腊肉上。
❹ 把小鱼干、腊肉放入烧开的蒸锅里，大火蒸30分钟，将蒸好的鱼干腊肉取出，撒上葱花即可。

鱼干和腊肉的肉质都比较硬，蒸制的时间宜长一些。

清蒸蒜蓉开背虾

烹饪时间：12分钟 | 功效：保肝护肾 | 适合人群：男性

原料

鲜虾150克，青椒丁15克，蒜末15克，红椒丁5克

调料

生抽10毫升，食用油适量

做法

❶ 将处理干净的鲜虾对半切开，做成开背虾的形状，摆好造型。❷ 用油起锅，撒上蒜末爆香，倒入青椒丁、红椒丁，炒匀。❸ 盛入蒸盘中，浇在虾上，再倒入余下的蒜末，摆好盘。❹ 备好电蒸锅，烧开水后放入蒸盘。❺ 盖上盖，蒸约8分钟，至食材熟透。❻ 断电后揭盖，取出蒸盘，趁热淋上生抽即可。

大厨面对面 | 虾切好后应用淡盐水浸泡一会儿，这样能有效清除脏物，更有利于饮食健康。

蒜蓉粉丝蒸扇贝

烹饪时间：16分钟 | 功效：保肝护肾 | 适合人群：男性

扇贝6个，小葱10克，大蒜30克，生姜20克，粉丝60克，红椒15克

蒸鱼豉油10毫升，盐3克，食用油适量

做法

❶ 往备好的清水中倒入粉丝，浸泡3分钟，将其泡开，然后切成段。

❷ 小葱切葱花；生姜切末；红椒切末；大蒜切碎。

❸ 扇贝洗净，用刀撬开，去掉脏污。

❹ 用刀取肉，往扇贝肉中撒上适量盐拌匀，腌渍片刻后洗净。

❺ 将洗净的扇贝壳摆放在备好的盘中，往每一个扇贝里面放上粉丝、扇贝肉。

❻ 热锅注油，倒入姜末、蒜末爆香，倒入红椒末，炒匀，制成酱料。

❼ 将酱料盖在每一个扇贝上，放入烧开的电蒸锅中，加盖，蒸5分钟。

❽ 取出蒸好的扇贝，淋上适量的蒸鱼豉油，撒上葱花即可。

锡纸花甲

烹饪时间：22分钟 | 功效：开胃消食 | 适合人群：一般人群

花甲800克，干辣椒5克，花椒10克，蒜末、红椒粒、葱花各少许

盐、鸡粉各2克，料酒、辣椒油各5毫升，芝麻油、生抽各适量

❶ 锅中注水，倒入花甲，汆煮片刻，捞出，放入凉水中洗去泥沙，装盘备用。

❷ 取一碗，倒入干辣椒、花椒、蒜末、部分葱花、部分红椒粒，加入盐、生抽、料酒、辣椒油、芝麻油、鸡粉，搅拌均匀，制成酱料待用。

❸ 取一盘，将锡纸展开，倒入花甲，浇上酱料，将锡纸包裹好，待用。

❹ 蒸锅中注入适量清水烧开，放上花甲，加盖，大火蒸20分钟至熟，关火后取出蒸好的花甲，打开锡纸，撒上剩余的红椒粒、葱花即可。

大厨面对面

汆煮花甲时煮至其外壳打开即可。

蒜香蒸生蚝

烹饪时间：10分钟｜功效：美容养颜｜适合人群：一般人群

1 2 3 4

原料

生蚝4个，柠檬15克，蒜末20克，葱花5克

调料

蚝油5克，食用油20毫升，盐3克

做法

❶ 取一碗，倒入生蚝肉，加入盐，拌匀，挤入柠檬汁，拌匀，腌渍10分钟待用。

❷ 用油起锅，倒入蒜末，爆香，放入葱花、蚝油，翻炒约1分钟至入味，盛出炒好的蒜末，装入碗中备用。

❸ 将腌好的生蚝肉放入备好的生蚝壳中，再淋上炒香的蒜末。

❹ 取电蒸锅，注入适量清水烧开，放入生蚝，蒸8分钟，取出即可。

大厨面对面

蒜末要单独炒制，这样才会更入味。

水蛋爆蛤仁

烹饪时间：12分钟 | 功效：增强免疫力 | 适合人群：一般人群

原料

蛤蜊150克，金华火腿30克，鸡蛋液100克，葱花少许

调料

盐2克

做法

❶ 备好的金华火腿切条，改切成丁。❷ 将鸡蛋液倒入备好的大碗中，加入盐，注入适量的温水，打散。❸ 将鸡蛋液倒入备好的盘中，放上备好的蛤蜊、金华火腿，包上一层保鲜膜，待用。❹ 电蒸锅注水烧开，放上食材。❺ 加盖，蒸12分钟。❻ 揭盖，取出蒸好的食材，撕开保鲜膜，撒上葱花即可。

大厨面对面

刚从市场上买回的蛤蜊，可放在清水里饲养一晚，这样能更好地吐净泥沙。

白酒蒸蛤蜊

烹饪时间：7分钟 | 功效：增强免疫力 | 适合人群：一般人群

蛤蜊260克，白酒50毫升，葱花5克，小辣椒圈、蒜片、姜片各5克

食用油15毫升，盐3克

1. 用油起锅，倒入蒜片、姜片、小辣椒圈，爆香。
2. 倒入蛤蜊，翻炒约2分钟至入味。
3. 关火后盛出炒好的蛤蜊，装入盘中。
4. 倒入白酒，加入盐，搅拌均匀待用。
5. 取电蒸锅，注入适量清水烧开，放入蛤蜊。
6. 盖上盖，将时间调至“5”。
7. 揭盖，取出蒸好的蛤蜊。
8. 撒上葱花即可。

炒蛤蜊炒至外壳完全张开即可，不要炒太久，否则肉质老了影响口感。

Part 5

爽口开胃凉拌菜

一盘好菜肴，带给我们的除了美味与诱人，也应该有暖心与健康。但是，工作时的觥筹交错、大鱼大肉、浓厚重味，对于我们来说，已经不再是营养的供给站，而渐渐成为身体的负累。相对而言，不用过度处理，不需要太多调料，甚至是可以直接生吃的凉拌菜，就是最好的“清肠剂”。所以，既能在家做又能安心吃的凉拌菜，让人倍感舒适，少油清爽才能吃出健康来。吃腻了蒸、焖、炖、煮的菜肴，我们在不经意间就会忆起凉拌菜的那抹清凉滋味。

可口凉菜，制作有道

凉拌菜，夏日消暑、冬日开胃，是四季都受欢迎的人气菜肴。凉拌菜不但方便料理，且制作方法多样、简便、快捷。但如何才能做出美味的凉拌菜呢？你掌握了其中的诀窍了吗？

完全沥干水分

食材洗净或焯过后，务必完全沥干，否则拌入的调味酱汁味道会被稀释，导致风味不足。

食材大小适中

所有材料最好都切成一口可以吃进去的大小，而有些新鲜蔬菜用手撕成小片口感会比用刀切的还好。

火候要到位

凉拌菜有生拌、辣拌和熟拌之分。对原料进行加工时要注意火候，如蔬菜焯到半成熟时即可；卤酱和煮白肉时，要用微火慢慢煮烂，做到鲜香嫩烂才能入味。一般生鲜蔬菜适合生拌，肉类适宜熟拌，辣拌则需要根据不同口味具体处理。

拌制前先用盐腌一下

例如小黄瓜、胡萝卜等要先用盐腌一下，再挤出适量水分，或用清水冲去盐分，沥干后再加入其他材料一起拌匀。这样不仅口感较好，调味也会较均匀。

酱汁要先调和

各种不同的调味料，要先用小碗调匀，最好能放入冰箱冷藏，待要上桌时再和菜肴一起拌匀。

冷藏盛菜器皿

盛装凉拌菜的盘子最好预先冰过，冰凉的盘子装上冰凉的菜肴，绝对可以增加凉拌菜的美味。

健康沙拉，享吃有道

沙拉最简单的做法就是把一些常见、可直接食用的蔬果拌一下，即做即吃。沙拉最主要的材料是生菜类，它是一般沙拉里最容易出现、所占比例也相对比较大的食材。但是这种沙拉，对瘦身也许有用，营养方面可能就不达标了。

常见蔬菜营养成分含量低

根据有机中心的检测，常见食材所含27种营养素的排名，榜单倒数5名中有4种是常见的沙拉用菜——黄瓜、萝卜、生菜和芹菜。这些蔬菜在沙拉中特别常见，而且含水量都很高，所以留给营养物质的空间就减少了。

对于减肥瘦身者来说，这些蔬菜是非常好的选择，但是对于满足成人每天摄入1800~1900卡的这一健康需求，就不能达标了。如果想要在一份沙拉里兼顾营养和低热量，可在沙拉中加入甜菜根、鸡胸肉等食材。

用错沙拉酱越吃越胖

一般人食用沙拉除了养生观念的进步，就是有减肥瘦身的需求了。但是，有些沙拉会让您越吃越胖，元凶就是那些可以给沙拉增色增味的沙拉酱。

蛋黄酱是用蛋黄和食用油制作的，其中油的比例很大，一般100克蛋黄酱的热量会超过700千卡；千岛酱是用沙拉油、鸡蛋、腌黄瓜、糖、番茄酱、柠檬汁等精制而成的，100克千岛酱的热量也在500千卡上下，而同等重量的回锅肉热量也只是500千卡左右。所以有减肥计划的人可以吃沙拉，但一定要小心沙拉酱的“陷阱”，不然等待您的就是越吃越胖。

慎选搅拌用具及盛器

由于大部分的沙拉酱都含有醋的成分，所以拌沙拉时千万不能使用铝材质的器具，因为醋汁的酸性会腐蚀金属器皿，释放出的化学物质会破坏沙拉的原味，对人体也有害。搅拌的叉、匙最好是木质的，器具则应选择玻璃、陶瓷材质的。

菠菜拌胡萝卜

烹饪时间：3分钟 | 功效：降低血压 | 适合人群：高血压病者

原料

胡萝卜85克，菠菜200克，蒜末、葱花各少许

调料

盐3克，鸡粉2克，生抽6毫升，芝麻油2毫升，食用油少许

做法

❶ 将洗净去皮的胡萝卜切片，再切成丝；洗净的菠菜切去根部，再切成段。❷ 锅中注水烧开，加入少许食用油、盐，倒入胡萝卜丝，用大火煮约1分钟。❸ 再倒入切好的菠菜，搅拌匀，煮约半分钟，至食材熟软，捞出，沥干水分。❹ 将焯好的胡萝卜丝和菠菜装入碗中，撒上蒜末、葱花。❺ 加入少许盐、鸡粉，淋入适量生抽，再倒入少许芝麻油，快速搅拌一会儿，至食材入味。❻ 取一个干净的盘子，盛入拌好的食材，摆好即成。

大厨面对面

烹调前将菠菜放入沸水锅中焯煮一会儿，可以减少其草酸的含量。

凉拌苦菊

烹饪时间：2分钟 | 功效：清热解毒 | 适合人群：女性

原料

苦菊200克，蒜末适量

调料

盐、味精、生抽、白糖、陈醋、芝麻油、熟油各少许

做法

❶ 洗净的苦菊沥干水分，将苦菊放入备好的碗中，倒入蒜末。

❷ 加入盐、味精、生抽、白糖。

❸ 再淋上陈醋，拌匀至入味。

❹ 淋入少许芝麻油、熟油拌匀，装盘即成。

大厨面对面

洗好的苦菊要沥干水分后再凉拌，这样其味道才不会被多余的水分给稀释了。

老醋拌苦菊

烹饪时间：3分钟｜功效：降低血压｜适合人群：一般人群

苦菊200克，油炸花生米50克，蒜末适量

盐2克，鸡粉3克，白糖7克，蜂蜜10克，陈醋40毫升，芝麻油10毫升

❶ 洗净的苦菊去根，用手撕散，装入碗中，备用。
❷ 取一碗，倒入蒜末，加入盐。
❸ 放入鸡粉、白糖、陈醋。
❹ 淋入芝麻油。
❺ 搅拌均匀。
❻ 再倒入蜂蜜，用勺子搅拌均匀，制成调味汁。
❼ 取一大碗，放入苦菊，倒入油炸花生米。
❽ 淋入调味汁，搅拌均匀，将拌好的食材装入盘中即可。

可先将苦菊用热水烫1分钟，这样凉拌更健康。

青菜沙拉

烹饪时间：10分钟｜功效：抗癌防癌｜适合人群：一般人群

原料

包菜50克，芝麻菜30克，紫叶生菜30克，西红柿50克，番杏、玉米粒、鹰嘴豆、奶酪各适量

调料

橄榄油15毫升，黑胡椒碎8克，白糖、盐、柠檬汁、芥末各少许

做法

❶ 西红柿洗净切块；奶酪切块。
❷ 锅中注入适量清水烧开，倒入玉米粒、鹰嘴豆，焯至断生，捞出。
❸ 将包菜、芝麻菜、紫叶生菜、西红柿、番杏、玉米粒、鹰嘴豆、奶酪装入碗中，拌匀，备用。
❹ 取小碟，加入橄榄油、柠檬汁、芥末、黑胡椒碎、白糖、盐，调成沙拉汁.
❺ 将调好的沙拉汁淋在食材上即可。

大厨面对面

给玉米氽水时可加入适量黄油，味道会更香甜。

口蘑蔬菜沙拉

烹饪时间：5分钟 | 功效：瘦身排毒 | 适合人群：女性

原料

口蘑100克，芝麻菜50克，苦菊50克，紫甘蓝70克，樱桃番茄30克，欧芹少许

调料

盐、橄榄油各适量

做法

❶ 将口蘑洗净，对半切开。
❷ 将切好的口蘑放入沸水锅中。
❸ 焯煮至熟，捞出，沥干水分。
❹ 紫甘蓝洗净，撕成小片；樱桃番茄洗净，切成块；芝麻菜洗净，取叶子；苦菊洗净，撕成小片；欧芹洗净。
❺ 将备好的蔬菜倒入碗中。
❻ 撒上少许盐，淋上橄榄油。
❼ 搅拌均匀即可食用。

大厨面对面

还可加入少许胡椒粉，口感更好。

什锦小菜

烹饪时间：2分钟 | 功效：增强免疫力 | 适合人群：一般人群

水发木耳35克，彩椒50克，洋葱40克，虾皮20克，葱花少许

盐2克，生抽4毫升，芝麻油5毫升，陈醋、鸡粉、白糖各适量

做法

❶ 把虾皮装入碗中，注入清水，泡约10分钟，沥干水分，待用。
❷ 洗净的洋葱切成细丝，再切成粒。
❸ 洗好的彩椒切开，去籽，再切长条，改切丁。
❹ 洗好的木耳切成细条，再切碎，备用。
❺ 取一个碗，加入盐、白糖、鸡粉、生抽。
❻ 再放入少许陈醋、芝麻油，搅拌均匀。
❼ 倒入洋葱、木耳、彩椒、虾皮，搅拌至入味。
❽ 将拌好的食材装入盘中，撒上葱花即可。

大厨面对面

拌食材时可以加一点泡虾皮的水，味道会更鲜美。

凉拌莲藕

烹饪时间：4分钟 | 功效：清热解毒 | 适合人群：一般人群

原料

莲藕250克，红椒15克，葱花少许

调料

盐3克，鸡粉、白醋、辣椒油、芝麻油各适量

做法

❶ 把去皮洗净的莲藕切成片，装入盘中备用。❷ 洗净的红椒去籽，切成丝，再切成粒，装入盘中备用。❸ 锅中加入适量清水，用大火烧开，倒入少许白醋，倒入莲藕，煮约2分钟至熟。❹ 把煮熟的藕片捞出，放入盘中备用。❺ 取一个大碗，倒入藕片，加入红椒粒、盐、鸡粉、辣椒油，加入芝麻油，用筷子拌匀。❻ 把拌好的藕片装入盘中，撒上葱花即可。

大厨面对面

莲藕入锅煮的时间不能太久，否则莲藕就失去了爽脆的口感。

辣拌土豆丝

烹饪时间：3分钟 | 功效：开胃消食 | 适合人群：一般人群

土豆200克，青椒20克，红椒15克，蒜末少许

盐2克，味精、辣椒油、芝麻油、食用油各适量

做法

❶ 将去皮洗净的土豆切成片，改切成丝，装碗备用。
❷ 洗净的青椒切开，去籽，切成丝，装入碟中。
❸ 洗好的红椒切段，切开去籽，切成丝，装碟备用。
❹ 锅中注水烧开，加少许食用油、盐。
❺ 倒入土豆丝，略煮。
❻ 倒入青椒丝和红椒丝，煮约2分钟至熟。
❼ 把煮好的材料捞出，装入碗中，加盐、味精、辣椒油、芝麻油，用筷子充分搅拌均匀。
❽ 将拌好的材料盛入盘中，撒上蒜末即成。

大厨面对面

土豆切丝后，可先放入清水中浸泡片刻再煮，这样制作出来的菜肴口感更加爽脆。

西芹拌草菇

烹饪时间：2分钟｜功效：增强免疫力｜适合人群：一般人群

草菇250克，西芹150克，红椒10克

盐5克，鸡粉2克，白糖2克，生抽、料酒各5毫升，芝麻油3毫升，食用油少许

❶ 将洗净的红椒去籽，切成小块；洗净的西芹去除老茎，切成2厘米长的段；将洗净的草菇切去根部。❷ 锅中倒水烧开，加入少许料酒、盐、鸡粉、食用油。❸ 再倒入草菇，煮约2分钟至熟，加入西芹、红椒，煮约半分钟至断生。❹ 把煮好的食材捞出。❺ 取一个大碗，将煮好的食材倒入碗中。❻ 然后加少许生抽、盐、鸡粉、白糖、芝麻油，用筷子拌匀，调味，盛出装盘即可。

大厨面对面

草菇味道鲜美，食用时不宜放太多味精或鸡粉，以免抢去其鲜味。

清拌滑子菇

烹饪时间：3分钟 | 功效：保护肝脏 | 适合人群：一般人群

原料

滑子菇150克，香菜少许

调料

盐、鸡粉各2克，橄榄油适量

做法

❶ 将滑子菇倒入清水中，洗净；锅中注水烧开，放入滑子菇，拌匀，加入少许盐，搅拌均匀。
❷ 焯水片刻，捞出，沥干水分.
❸ 倒入清水中，过凉水。
❹ 将滑子菇捞入备好的碗中。
❺ 加入鸡粉、盐拌匀，淋入适量橄榄油，拌匀。
❻ 最后点缀上香菜即可。

大厨面对面 袋装滑子菇要放入温水里泡一下再冲洗，能有效去除残留的防腐剂。

白萝卜拌金针菇

烹饪时间：2分钟 | 功效：清热解毒 | 适合人群：一般人群

原料

白萝卜200克，金针菇100克，彩椒20克，圆椒10克，蒜末、葱花各少许

调料

盐、鸡粉各2克，白糖5克，辣椒油、芝麻油各适量

做法

❶ 洗净去皮的白萝卜切成细丝；洗好的圆椒切成细丝；洗净的彩椒切成细丝；金针菇切除根部。

❷ 锅中注入适量清水烧开，倒入金针菇，拌匀，煮至断生，捞出，放入凉开水中，洗净，沥干水分。

❸ 取一个大碗，倒入白萝卜，放入切好的彩椒、圆椒，倒入金针菇，撒上蒜末，拌匀。

❹ 加入盐、鸡粉、白糖，淋入少许辣椒油、芝麻油，撒入葱花，拌匀，装入盘中即可。

大厨面对面

白萝卜含水量较高，可先加盐腌渍一会儿，挤干水分。

凉拌黄豆芽

烹饪时间：2分钟 | 功效：降低血压 | 适合人群：高血压病者

原料

黄豆芽100克，芹菜80克，胡萝卜90克，白芝麻、蒜末各少许

调料

盐4克，鸡粉2克，白糖4克，芝麻油2毫升，陈醋、食用油各适量

做法

❶ 洗净去皮的胡萝卜切成丝；择洗干净的芹菜切成段；黄豆芽切去蒂。❷ 锅中注水烧开，放入少许盐、食用油，倒入胡萝卜，煮半分钟。❸ 放入洗净的黄豆芽，倒入芹菜段，再煮半分钟，捞出。❹ 将焯过水的食材装入碗中，加入适量盐、鸡粉。❺ 撒入蒜末，放入白糖、陈醋、芝麻油，拌均匀。❻ 装入盘中，撒上白芝麻即可。

拌好的食材可以包上保鲜膜，放入冰箱冰镇片刻再食用，口感会更好。

凉拌四季豆

烹饪时间：5分钟 | 功效：防癌抗癌 | 适合人群：一般人群

原料

四季豆200克，红椒10克，蒜末少许

调料

盐3克，生抽3毫升，鸡粉、陈醋、芝麻油、食用油各适量

做法

❶ 将洗净的四季豆切成3厘米长的段。

❷ 洗净的红椒切开，去籽，再切成丝。

❸ 锅中倒入适量清水烧开，加入少许食用油、盐，倒入四季豆，煮约3分钟至熟。

❹ 加入红椒丝，再煮片刻。

❺ 把煮熟的四季豆和红椒丝捞出。

❻ 把四季豆、红椒丝倒入碗中，放入蒜末，加入适量盐、鸡粉。

❼ 再加入少许生抽、陈醋。

❽ 淋入少许芝麻油，用筷子拌匀至入味，将拌好的四季豆装入盘中即可。

大厨面对面

为防止发生食用四季豆中毒的情况，四季豆必须汆煮熟透，方可食用。

麻辣香干

烹饪时间：1分钟 | 功效：开胃消食 | 适合人群：儿童

1 2 3 4

原料

香干200克，红椒15克，葱花少许

调料

盐4克，鸡粉3克，生抽3毫升，食用油、辣椒油、花椒油各适量

做法

❶ 洗净的香干切1厘米厚片，再切成条；洗净的红椒去籽，切成丝。

❷ 锅中加水烧开，加少许食用油、盐，倒入香干，煮约2分钟至熟，将煮好的香干捞出。

❸ 将捞出的香干装入碗中，加入切好的红椒丝、适量盐、鸡粉，再倒入辣椒油。

❹ 淋入适量花椒油，加入少许生抽，撒上准备好的葱花，用筷子拌匀，盛出装盘即可。

大厨面对面 香干不可煮太久，否则会影响成品的口感。

芹菜胡萝卜丝拌腐竹

烹饪时间：3分钟｜功效：保护视力｜适合人群：一般人群

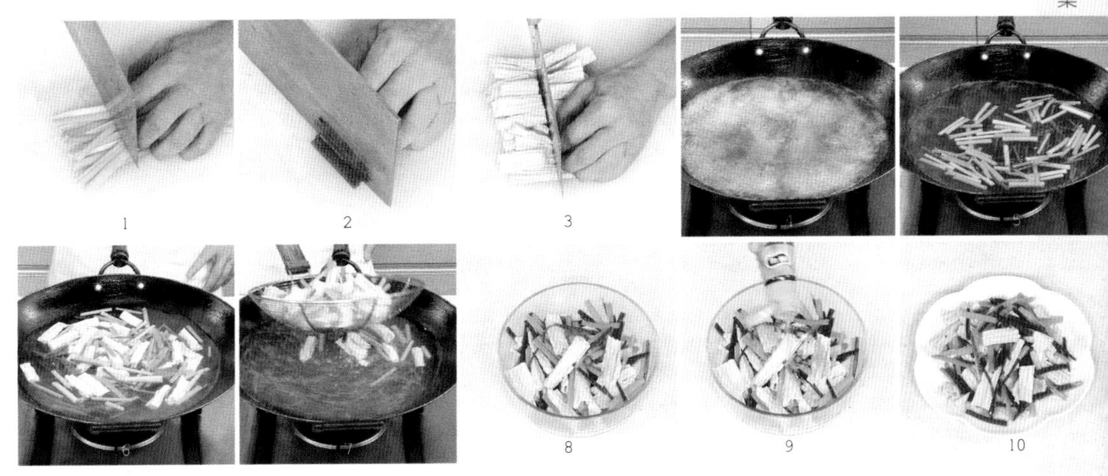

原料

芹菜85克，胡萝卜60克，水发腐竹140克

调料

盐、鸡粉各2克，胡椒粉1克，芝麻油4毫升

做法

❶ 洗好的芹菜切成长段。
❷ 洗净去皮的胡萝卜切片，再切丝。
❸ 洗好的腐竹切段，备用。
❹ 锅中注入适量清水烧开。
❺ 倒入芹菜、胡萝卜，拌匀，用大火略煮片刻。
❻ 放入腐竹，拌匀，煮至食材断生。
❼ 捞出焯煮好的材料，沥干水分，待用。
❽ 取一个大碗，倒入焯过水的材料。
❾ 加入盐、鸡粉、胡椒粉、芝麻油，拌匀至食材入味。
❿ 将拌好的菜肴装入盘中即可。

大厨面对面

食材焯水的时间不宜过久，以免影响其爽脆的口感。

小葱拌豆腐

烹饪时间：10分钟 | 功效：开胃消食 | 适合人群：一般人群

原料

豆腐300克，小葱30克

调料

盐2克，鸡粉3克，芝麻油4毫升

做法

❶ 将豆腐横刀切开，切成条，再切成小块。
❷ 洗净的小葱切粒。
❸ 将豆腐倒入碗中，注入适量热水，搅拌片刻，烫去豆腥味。
❹ 将豆腐倒出，滤净水分，装入碗中。
❺ 倒入葱花。
❻ 加入盐、鸡粉、芝麻油。
❼ 用筷子轻轻搅拌均匀。
❽ 取一盘子，将拌好的豆腐装入其中即可。

大厨面对面

豆腐切好后，可放入沸水锅中汆煮，同时加入少许盐，可以去除豆腐所含的酸味，使豆腐的口感更滑嫩。

蒜泥白肉

烹饪时间：42分钟 | 功效：增强免疫力 | 适合人群：一般人群

原料

净五花肉300克，蒜泥30克，葱条、姜片各适量

调料

盐3克，料酒、味精、辣椒油、酱油、芝麻油、花椒油各少许

做法

❶ 锅中注水烧热，放入五花肉、葱条、姜片，淋上料酒提鲜。❷ 用大火煮20分钟，关火，在原汁中浸泡20分钟。❸ 把备好的蒜泥放入碗中。❹ 再倒入盐、味精、辣椒油、酱油、芝麻油、花椒油，拌匀入味，制成味汁。❺ 取出煮好的五花肉，切成厚度均等的薄片，摆入盘中码好。❻ 浇入拌好的味汁即成。

大厨面对面

五花肉煮至皮软后，关火使其在原汁中浸泡一段时间，会更易入味。

湘卤牛肉

烹饪时间：4分钟 | 功效：益气补血 | 适合人群：男性

1　　3　　4

原料

卤牛肉100克，莴笋100克，红椒17克，蒜末、葱花各少许

调料

盐3克，老卤水70毫升，鸡粉2克，陈醋7毫升，芝麻油、辣椒油、食用油各适量

做法

❶ 将洗净的红椒对半切开，去籽，切成丝，再改切成粒；去皮洗净的莴笋斜刀切成3厘米长的段，改切成片；将卤牛肉切成片，摆入盘中。

❷ 锅中倒入适量清水烧开，加入少许食用油、盐，倒入莴笋，煮1分钟至熟，捞出，装入盘中，放在牛肉片上。

❸ 取一个干净的碗，倒入蒜末、葱花、红椒粒，倒入老卤水，加入辣椒油、鸡粉、盐。

❹ 淋入陈醋、芝麻油，用筷子拌匀；将拌好的材料浇在牛肉片上即可。

大厨面对面 | 切牛肉片时，应逆着牛肉的纤维横切，这样可以切断牛肉纤维，使牛肉片口感更加嫩滑。

夫妻肺片

烹饪时间：65分钟 | 功效：益气补血 | 适合人群：一般人群

原料

牛肉80克，牛蹄筋150克，牛肚150克，青椒、红椒各15克，蒜末、葱花各少许

调料

生抽3毫升，陈醋、辣椒酱、卤水、辣椒油、芝麻油各适量

做法

❶ 把牛肉、牛蹄筋、牛肚放入煮沸的卤水锅中。❷ 盖上盖，小火煮至熟，捞出。❸ 洗净的青椒、红椒均去籽，切成粒。❹ 把牛蹄筋切成小块；牛肉切成片；用斜刀将卤好的牛肚切成片。❺ 取一碗，倒入牛肉、牛肚、牛蹄筋、青椒、红椒、蒜末、葱花。❻ 倒入适量陈醋、生抽、辣椒酱、卤水、辣椒油、芝麻油拌匀即可。

大厨面对面

牛筋、牛肚韧性大，在切时不宜切得太大，以免食用时久嚼不烂。

辣拌羊肉

烹饪时间：3分钟 | 功效：增强免疫力 | 适合人群：一般人群

原料

卤羊肉200克，红椒15克，蒜末、葱花各少许

调料

盐2克，鸡粉、生抽、陈醋、芝麻油、辣椒油各适量

做法

❶ 把洗净的红椒切成小段，切开，剔去籽，切成细丝，再改切成丁。❷ 卤羊肉切成薄片。❸ 取一干净的小碗，倒入红椒、蒜末、葱花。❹ 放入辣椒油、芝麻油，加入盐、鸡粉，淋入生抽、陈醋。❺ 拌约半分钟，调制成味汁，待用。❻ 把切好的羊肉片盛放在盘中，再均匀地浇上调好的味汁，摆好盘即成。

大厨面对面

卤羊肉要切薄片，才易入味。

鸡丝凉皮

烹饪时间：8分钟 | 功效：增强免疫力 | 适合人群：一般人群

原料

熟鸡胸肉135克，凉皮200克，黄瓜100克，熟白芝麻少许

调料

盐3克，鸡粉2克，芝麻油10毫升，红油10毫升

做法

❶ 将凉皮叠好，切成丝；洗净的黄瓜斜刀切成片，再切成丝。

❷ 熟鸡胸肉掰成大块，再撕成细丝。

❸ 取一盘，将黄瓜丝和鸡丝交替摆入其中，再将凉皮摆入盘中，备用。

❹ 取一小碗，加入盐、鸡粉、熟白芝麻，淋入芝麻油、红油，搅拌均匀，调成味汁，淋在盘中即可。

大厨面对面 还可在菜肴中加入少许葱花、蒜末，味道更佳。

重庆口水鸡

烹饪时间：9分钟 | 功效：益气补血 | 适合人群：女性

熟鸡肉500克，冰块500克，蒜末、姜末、葱花各适量

盐、白糖、白醋、生抽、芝麻油、辣椒油、花椒油、食用油各适量

做法

❶ 取一个大碗，倒入适量清水，倒入冰块。
❷ 将熟鸡肉放入冰水中浸泡5分钟。
❸ 锅中倒入少许食用油、花椒油，放入姜末、蒜末煸香。
❹ 加入葱花拌炒匀。
❺ 将炒好的姜末、蒜末、葱花装入碗中。
❻ 加入适量盐、白糖、白醋、生抽。
❼ 淋入芝麻油、辣椒油，拌匀，制成调味料。
❽ 取出浸泡好的鸡肉，斩成块，装入盘中，浇入调味料即成。

大厨面对面 制作此菜时，可根据个人口味，适量添加辣椒油和花椒油，也可加入少许熟芝麻。

山椒鸡胗拌青豆

烹饪时间：20分钟 | 功效：美容养颜 | 适合人群：女性

鸡胗100克，青豆200克，泡椒30克，红椒15克，姜片、葱白各少许

盐3克，鸡粉1克，鲜露、食用油、芝麻油、辣椒油、料酒各适量

❶ 锅中加约1000毫升清水烧开，加少许食用油、盐。
❷ 倒入洗净的青豆，煮约2分钟至熟，将煮好的青豆捞出备用。
❸ 原汤汁加鲜露，倒入鸡胗，加少许料酒，倒入姜片、葱白。
❹ 加盖，慢火煮约15分钟，捞出，盛入碗中，晾凉。
❺ 红椒切开，去籽，切条，切成丁；泡椒切成丁。
❻ 将煮熟的鸡胗切片，再切成小块。
❼ 取一个干净的大腕，倒入青豆、鸡胗、泡椒、红椒。
❽ 加入盐、鸡粉调味，淋入辣椒油、芝麻油，拌匀，盛入盘中即可。

青豆不宜煮太久，以免影响其鲜嫩口感。

麻辣鸭血

烹饪时间：5分钟 | 功效：补铁 | 适合人群：一般人群

鸭血300克，姜末、蒜末、葱花各少许

盐2克，鸡粉2克，生抽7毫升，陈醋8毫升，花椒油6毫升，辣椒油12毫升，芝麻油5毫升

❶ 洗好的鸭血切开，改切成小方块。
❷ 锅中注水烧开，倒入鸭血，拌匀，煮2分钟，捞出，沥干水分，放入碗中。
❸ 取一个小碗，放入盐、鸡粉、生抽、陈醋、花椒油，拌匀。
❹ 倒入姜末、蒜末、葱花，淋入辣椒油，倒入少许芝麻油，调成味汁，浇在鸭血上即成。

大厨面对面

汆煮鸭血时，不宜盖上盖，否则容易煮老。

青椒拌皮蛋

烹饪时间：3分钟 | 功效：开胃消食 | 适合人群：一般人群

皮蛋2个，青椒50克，蒜末10克

盐3克，味精2克，白糖5克，生抽10毫升，陈醋10毫升

❶ 把洗净的青椒切成圈；已去皮的皮蛋切成小块。❷ 锅中加入适量清水，大火烧开，倒入青椒，搅散，煮半分钟至熟。❸ 将煮好的青椒捞出，沥干水分。❹ 将切好的青椒、皮蛋装入碗中，再倒入蒜末。❺ 加入盐、味精、白糖、生抽。❻ 再倒入陈醋，拌约1分钟，使其入味，将拌好的材料盛入盘中即可。

大厨面对面

切皮蛋时用力要适度，若力度不够，不易将皮蛋切成型，影响成品外观。

土豆豆角金枪鱼沙拉

烹饪时间：6分钟 | 功效：促进大脑发育 | 适合人群：一般人群

土豆140克，豆角40克，西红柿60克，芝麻菜、金枪鱼罐头、香草碎各适量

橄榄油、盐、白糖、胡椒粉各适量

做法

❶ 豆角洗净，切成段；洗净的土豆去皮，切成块；西红柿洗净，切块。
❷ 将土豆、豆角放入沸水锅中焯至熟，捞出放凉。
❸ 将土豆、豆角与西红柿、芝麻菜、金枪鱼罐头一起装入碗中。
❹ 取一干净小碟，加入橄榄油、盐、白糖、胡椒粉、香草碎。
❺ 拌匀，调成沙拉汁。
❻ 把沙拉汁淋在沙拉上即可。

大厨面对面

切好的土豆块要放进凉水中浸泡，以免氧化变黑。

蔬果虾仁沙拉

烹饪时间：8分钟 | 功效：增强记忆力 | 适合人群：一般人群

原料

基围虾200克，青提30克，苹果50克，芝麻菜、生菜、醋草各适量

调料

沙拉酱、黄油各适量

做法

❶ 洗净的苹果切块；洗净的生菜撕成小块；洗净的基围虾去头、剥去外壳，留虾尾，挑去虾线。❷ 锅中放入少许黄油，烧至融化，倒入虾仁翻炒至熟，盛出。❸ 取一小碗，倒入沙拉酱，备用。❹ 将所有原料装入盘中，搅拌均匀，食用时淋入沙拉酱即可。

金枪鱼通心粉沙拉

烹饪时间：6分钟 | 功效：增强免疫力 | 适合人群：一般人群

原料

金枪鱼罐头80克，笔管通心粉50克，黑橄榄、圣女果、罗勒叶各适量

调料

盐、黑胡椒粉各2克，香草粉、橄榄油各适量

做法

❶ 圣女果洗净，对半切开；罗勒叶洗净切碎；金枪鱼罐头打开，取出鱼肉，备用。❷ 将笔管通心粉放入沸水锅中，煮至熟透，捞出后放凉。❸ 将通心粉倒入碗中，依次放入圣女果、黑橄榄、罗勒叶碎、金枪鱼。❹ 淋入橄榄油，撒入盐、黑胡椒粉、香草粉，搅拌均匀即可。